赵省伟 主编

| 第 三 辑 |

找寻遗失在日本的中国史

东洋镜

中国建筑（上）

【日】关野贞 伊东忠太 塚本靖 著

疏蒲剑 译

中国工人出版社

图书在版编目（CIP）数据

中国建筑：上下 /（日）关野贞，（日）伊东忠太，（日）塚本靖著；
疏蒲剑译 . -- 北京：中国工人出版社，2022.10
（东洋镜）
ISBN 978-7-5008-7995-4

Ⅰ．①中… Ⅱ．①关… ②伊… ③塚… ④疏… Ⅲ.①建筑艺术－中国
Ⅳ．① TU-862

中国版本图书馆 CIP 数据核字（2022）第 210110 号

东洋镜：中国建筑（上下）

出 版 人：董　宽
责任编辑：邢　璐　杨　轶
责任校对：张　彦
责任印制：黄　丽
出版发行：中国工人出版社
地　　址：北京市东城区鼓楼外大街 45 号　邮编：100120
网　　址：http://www.wp-china.com
电　　话：（010）62005043（总编室）　62005039（印制管理中心）
　　　　　　（010）62001780（万川文化项目组）
发行热线：（010）82029051　62383056
经　　销：各地书店
印　　刷：北京盛通印刷股份有限公司
开　　本：880 毫米 ×1230 毫米　1/16
印　　张：47.5
字　　数：300 千字
版　　次：2023 年 2 月第 1 版　　2023 年 2 月第 1 次印刷
定　　价：286.00 元（上下册）

出版说明

自 1901 年起，以伊东忠太、关野贞为代表的日本建筑学者多次来到中国，对各地的建筑进行大范围的实地考察和专业测绘，并拍摄了大量照片，陆续出版了《中国建筑》《中国文化史迹》《中国建筑装饰》《辽金时代建筑及其佛像》等专著。

一、本书初版于 1928—1931 年，全书由图版和解说两部分组成，按照不同的建筑类型分为十六章，共收录 10 万余字、750 张图片。

二、原书图版分两部分，图片序号各自独立，且个别图片存在序号跳脱、不连贯的现象。此次出版，编者将两部分合在一起，调整了部分图片的顺序，重新编排序号。

三、由于年代已久，部分照片褪色，导致颜色深浅不一，为了更好地呈现照片内容，保证印刷整齐精美，排版时对图片色调作了统一处理。

四、由于原作者所处立场、思考方式与观察角度不同，书中有些观点和我们的认识有一定出入，为保留原文风貌，均未作删改，但这不代表编者赞同作者的观点，相信读者能够自行鉴别。

五、原文中的一些错误，如果影响到上下文的理解，编者会在相应位置添加脚注，进行说明和更正；年号纪年与公元纪年的换算错误，编者按照现在通行的说法，直接予以改正，未作单独说明。

六、原书采用中国传统的长度计量单位，编者按照国际长度单位进行换算，附在原文后面。

七、由于时间仓促，加之编者能力有限，书中仍不免会有疏漏、错讹，恳请广大读者批评指正。

最后，感谢杨葵老师为"东洋镜"题字。

自 2017 年陆续出版了瑞典喜仁龙（Osvald Sirén，1879—1966）教授和德国恩斯特·伯施曼（Ernst Boerschmann，1873—1949）先生的一系列著作，编辑过程中时不时就会出现关野贞、伊东忠太、常盘大定等日本人的名字。由于精力集中在西方史料，加上不少出版社纷纷推出关野贞等人的著作，日本史料的出版便也没有提上日程。2020 年受疫情影响，不得不卖掉一些藏品，整理过程中竟然发现了两本超大开本、精美绝伦的相册——大村西崖的《中国古美术图谱》（已收录于《东洋镜：中国美术史》并出版）和关野贞、伊东忠太、塚本靖的《中国建筑》。由于这两年关野贞、常盘大定的《中国文化史迹》出现了多个版本，为了出版《中国建筑》，特别是重启"东洋镜丛书"，我们便集中梳理了晚清民国时期日本及西方主要中国建筑史著作，以及它们在国内的出版和研究情况。

晚清民国时期日本及西方主要中国建筑史著作表：

时间	作者	著作
1897	【英】郝播德	《大觉寺》
1906	【日】小川一真	《北京皇城建筑装饰》《清国北京皇城写真帖》
1911	【德】恩斯特·伯施曼	《普陀山》
1914	【德】恩斯特·伯施曼	《中国祠堂》
1921	【德】贝恩德·梅尔彻斯、恩斯特·弗尔曼	《中国寺庙建筑与灵岩寺罗汉》
1923	【德】恩斯特·伯施曼	《中国建筑与风景》
1924	【瑞典】喜仁龙	《北京的城墙和城门》
1925	【德】恩斯特·伯施曼	《中国建筑》
1925	【日】伊东忠太	《中国建筑史》
1925	【日】关野贞、常盘大定	《中国佛教史迹》
1926	【瑞典】喜仁龙	《北京皇城写真全图》
1927	【德】恩斯特·伯施曼	《中国建筑陶艺》
1929	【日】伊藤清造	《营造法式的工程做法》
1929	【日】关野贞、伊东忠太、塚本靖	《中国建筑》
1929	【瑞典】喜仁龙	《中国早期艺术史》（建筑卷）
1931	【德】恩斯特·伯施曼	《中国宝塔》（第一部分）
1934	【日】关野贞、竹岛卓一	《辽金时代建筑及其佛像》
1935	【日】关野贞、竹岛卓一	《热河》
1937	【丹麦】艾术华	《中原佛寺图考》
1939	【日】关野贞、常盘大定	《中国文化史迹》
1941—1944	【日】伊东忠太	《中国建筑装饰》
1943	【日】村田治郎	《大同大华严寺》
1949	【瑞典】喜仁龙	《中国园林》

不少论文认为在近代中国建筑史著作方面，日本学者碾压欧美，这显然不够客观。恩斯特·伯施曼早在 1906—1909 年便对中国的 14 个省份进行了专业考察，拍摄了大量的图片并进行了详细的测绘，1911 年、1914 年和 1931 年还分别出版了专业的书籍《普陀山》《中国祠堂》和《中国宝塔》；喜仁龙于 1920—1921 年、1930 年、1934—1935 年、1954 年、1956 年多次访问，在 1924 年出版了后人无法超越的经典《北京的城墙和城门》，1949 年后又接连推出《中国园林》和《18 世纪欧洲园林的中国风》。在专业书籍方面，日本学者很难说超过了欧美，很显然正是《中国佛教史迹》《中国文化史迹》和《中国建筑》这三套普查类著作，才使得不少人感觉日本学者碾压了欧美。

《中国文化史迹》有十二辑解说和十二辑图版，共收录 2300 多张图片。《中国建筑》有两册解说和两册图版，共收录 750 张图片。很多人便将《中国佛教史迹》和《中国建筑》一起视为《中国文化史迹》的缩小版，这显然是一种误解。根据徐苏斌教授及其团队的研究，《中国建筑》收录了伊东忠太拍摄的照片 202 张，塚本靖拍摄的照片 40 张，《中国文化史迹》收录了伊东忠太拍摄的照片 52 张，塚本靖拍摄的照片 23 张，另外《中国建筑》涉及东北、台湾和敦煌石窟，《中国文化史迹》则没有。最关键的是，《中国文化史迹》已有多个版本，而在国内还没有看到《中国建筑》中文版。

编　者

目录

185 第二节 佛殿

271 第五章 伊斯兰教建筑

272 第一节 清真寺

283 第二节 塔、墓

下册

450 第二节 奉天等地

473 第九章 住宅商铺

597 第十四章 园林

598 第一节 北京

604 第二节 其他

609 第十五章 石窟

610 第一节 敦煌石窟

第一章

坛庙

第一节　北京天坛和地坛

北京天坛

天坛建于北京城南郊，是明清时期天子举行冬至祭天大典的地方。三层圆坛象征圆形的苍穹，建有台阶和栏杆，规模宏大壮丽。现存建筑——圜丘——为清朝初年所建，[①] 全部为大理石材质。（伊东忠太）

右图 >
图 1 北京天坛。原照片藏于东京帝国大学[②]工学部建筑学教室。

① 圜丘坛始建于明朝嘉靖九年（1530 年），明朝时为三层蓝色琉璃圆坛，清朝乾隆十四年（1749 年）扩建，并改蓝色琉璃为艾叶青石台面，汉白玉柱、栏。——译者注
② 即现在的日本东京大学。——译者注

北京地坛

地坛与天坛相对，是天子祭地的地方，建于明朝嘉靖九年（1530 年），位于北京城北郊的安定门外。地坛周围环绕着双层坛墙，四方立有白石棂星门。中央位置为黄色琉璃砖建造的双层方坛，两坛四面各设八级石阶，四周环绕着水渠。双层砖墙、双层方坛、八级石阶及黄砖的寓意是大地具有方形、黄色及偶数的特点。（关野贞）

右图 >
图 2 北京地坛。关野贞博士拍摄。

北京天坛祈年殿

天坛祈年殿是一座三重檐圆殿，是天子祈求风调雨顺、五谷丰登的地方。其始建于清朝初年[①]，殿顶覆盖着深蓝色琉璃瓦，殿宇内外五彩缤纷。殿内三层上下贯通，构建手法甚为巧妙，其美丽难以言表。（伊东忠太）

① 建于明朝永乐十八年（1420 年），初名"大祀殿"，为一矩形大殿；嘉靖二十四年（1545 年）改为三重檐圆殿，并更名为"大享殿"；清朝乾隆十六年（1751 年），定名"祈年殿"。——译者注

图 3 北京天坛祈年殿。原照片藏于东京帝国大学工学部建筑学教室。

第二节 盛京太庙

盛京太庙正殿

太庙是君王安置祖先灵位和祭祀祖先的地方，位于宫城之中。盛京①太庙位于奉天故宫②，据推测其始建于清朝初年③，仅从建筑层面而言并无特别之处。除祖先灵位之外，太庙内还藏有玉册和玉宝④。⑤

----

① 今辽宁沈阳。——译者注
② 即沈阳故宫。——译者注
③ 盛京太庙建于皇太极崇德元年（1636 年），是清太宗皇太极奉祀祖先的家庙。乾隆四十三年（1778 年）令移建盛京太庙于今沈阳故宫大清门东侧的原明代三官庙旧址。——译者注
④ 玉册，古代册书的一种，帝王祭祀告天或上尊号用之；玉宝，即玉玺，天子或后妃的玉印。——译者注
⑤ 此处原文没有标注文字作者。后面也有类似情况，不一一标注。——译者注

图 4 盛京太庙正殿。大熊博士拍摄。

盛京太庙正门

　　太庙以正殿为中心，左右为东西配殿，前方为正门。图中的正门极为简朴，建造年代应与正殿相同。（伊东忠太）

图 5 盛京太庙正门。大熊博士拍摄。

第一章

儒教建筑

第一节 文庙

山东曲阜县文庙大成殿

曲阜文庙相传为孔子故居，始建于周敬王四十二年（前478年），其后经过历代扩建，规模日益壮大。现存建筑为清朝雍正二年（1724年）动工，七年后建成，是中国最为宏大壮丽的庙宇建筑。大成殿立于双层基座之上，前有露台。基座、露台和石阶上皆有栏杆。大成殿面阔九间，进深五间，周围有回廊，宽一间，侧柱均为灰色大理石所造。前檐一列石柱为深浮雕云龙石柱，其余三面石柱为八棱水磨浅雕石柱，云龙为饰。斗拱出三跳，屋檐为双层椽，上层屋顶四面排水，覆以黄色琉璃瓦。殿内地面铺砖，平棋天井，中央置有神位，其左右设有四圣十二哲[①]的神位。此殿规模宏大，结构均衡，内外施有彩绘，尽显庄严宏伟之美。

神位在基座之上，柱上刻有蟠龙，斗拱造型纤细，屋檐和壁上透雕云龙，金碧辉煌，精美绝伦。神位内有孔子塑像及灵牌，前方台上置有一对烛台。（关野贞）

右图（上）>
图6 山东曲阜县文庙大成殿。原照片由关野贞博士收藏。

右图（下）>
图7 山东曲阜县文庙大成殿局部。关野贞博士拍摄。

[①] 文庙中除了祭祀孔子，还将孔门的一些著名弟子及后代对儒家学说有巨大贡献的人物一并祭祀。合称"四圣十二哲"。四圣：亚圣孟子（孟轲）、复圣颜渊、述圣孔伋、宗圣曾参。十二哲：闵损（子骞）、冉雍（仲弓）、端木赐（子贡）、仲由（子路）、卜商（子夏）、有若（子若）、冉耕（伯牛）、宰予（子我）、冉求（子有）、言偃（子游）、颛孙师（子张）、朱熹（元晦）。——译者注

图 8 山东曲阜县文庙大成殿天井。关野贞博
士拍摄。

图 9 山东曲阜县文庙大成殿内部神位。关野
贞博士拍摄。

山东曲阜县文庙奎文阁

奎文阁为曲阜文庙中最宏大的建筑，三重飞檐，上下两层，下层面阔七间，进深五间，上层面阔五间，进深五间，均有房檐。建筑高七丈四尺（24.61米），阔九丈（30米），深五丈四尺（17.98米），藏有历代皇帝御赐的经书、墨迹等。

奎文阁建造于明朝孝宗弘治十七年（1504年）左右[1]，其后屡次重修。（塚本靖）

图 10 山东曲阜县文庙奎文阁。塚本靖博士拍摄。

---

[1] 奎文阁始建于宋朝天禧二年（1018年），明朝成化十九年（1483年）改建。——译者注

山东曲阜县文庙元代碑亭

　　曲阜文庙大成门前有众多碑亭，成前后两排。元代碑亭位于前排东起第五座，内有大德五年（1301年）所建的"大元重修至圣文宣王庙碑①"。碑亭边长约六米，复层结构，底层四面及中部开放。斗拱出两跳，尺寸较大，与日本镰仓圆觉寺舍利殿的斗拱建筑手法相似，造型刚劲有力，推测碑亭应与石碑建造于同一时代。（关野贞）

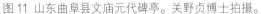

　　① 原文有误，应为"大元重建至圣文宣王庙之碑"。——译者注

图 11 山东曲阜县文庙元代碑亭。关野贞博士拍摄。

图 12 山东曲阜县文庙元代碑亭斗拱。关野贞博士拍摄。

陕西西安文庙

西安文庙规模次于曲阜文庙，也是中国规模最大的文庙之一，现存建筑始建于明朝洪武二年（1369年）。据传，明朝成化年间（1465—1487年）增修文庙时，渭水泛滥，自上游流下大树，人们用这些大树建造了该庙的大成殿。

大成殿面阔九间，进深五间，复层结构，四面排水，规模庞大。大成殿下有基座，基座前方建有露台，外面围绕石栏，与正面的三处石阶及侧面的两处石阶相连。大成殿斗拱排布紧密，下层出一跳，上层出两跳，手法简练。上下屋檐均为圆椽，四面屋顶覆盖着黄瓦。殿内地面铺砖，屋顶为彻上明造 ①，梁架结构一目了然。中央龛内供奉木制孔子神位，左右为木制四圣神位，两侧为木制十二哲神位。建筑内外五彩缤纷，外观壮丽。

大成门立于大成殿之前，面阔三间，三门并列，单层设计，屋顶为歇山顶结构，铺有黄瓦。斗拱出一跳，紧密排布。门内外均涂有彩色，与大成殿建造于同一时期。

右图（上）>
图13 陕西西安文庙大成殿。关野贞博士拍摄。

右图（下）>
图14 陕西西安文庙大成门。关野贞博士拍摄。

———————————

① 也称"彻上露明造"，是指屋顶梁架结构完全暴露，使人在室内抬头即能清楚地看见屋顶的梁架结构的建筑物室内顶部做法。—— 译者注

湖南沅陵县文庙大成殿

　　此木构建筑或许是清代中期重建，造型简练，是华中地区典型的建筑风格。上层外侧全部开有窗户，建筑手法很特别。屋梁上的复杂装饰源自华南地区。（伊东忠太）

图 15 湖南沅陵县文庙大成殿。原照片由大熊博士收藏。

图 16 北京文庙大成门。关野贞博士拍摄。

北京文庙大成门

北京文庙位于安定门內国子监东侧，规模次于曲阜文庙。北京文庙的正门为大成门，面阔五间，三门并列，单层结构。大成门立于基座之上，前方设有三条汉白玉台阶，中间台阶的斜坡上有云龙浮雕的丹陛，基座上及石制台阶左右石栏刻有精美雕饰。大成门斗拱排布紧密，出三跳，上方支撑双层椽。屋顶为四面排水设计，覆有黄瓦，內外均有彩色装饰，外观壮丽。从建筑风格来看，多半为明代所建。（关野贞）

图 17 山东邹县孟庙亚圣殿。关野贞博士拍摄。

山东邹县孟庙亚圣殿

　　孟庙原本位于邹县县城东门外，北宋宣和四年（1122 年）迁至县城南门外[①]。自建成后，屡经灾害，多次重建。现存亚圣殿为清朝康熙二十六年（1687 年）重建，面阔七间，进深五间，四周回廊宽一间，屋顶为重檐歇山式结构。四周侧柱呈八角形，只有殿前廊下石柱阴刻花草纹路。殿内有雕纹神龛，内供奉孟子塑像和木制神位。孟庙亚圣殿的制式与曲阜文庙大成殿类似，但规模和建筑手法均逊于后者。（关野贞）

[①] 实为北宋宣和三年（1121 年）复建于现址。——译者注

图 18 山东邹县孟庙亚圣殿神龛及孟子像。关野贞博士拍摄。

山东曲阜县颜庙复圣殿

　　复圣殿为颜庙即复圣庙的正殿，面阔五间，进深两间，有房檐。殿内置有复圣颜子神位及塑像、清朝康熙皇帝题匾"粹然体圣"①、雍正皇帝题匾"德冠四科"等。据推测，建造年代可能是明朝英宗正统六年（1441 年），或者是明朝武宗正德四年（1509 年）左右。

① 一说为清朝乾隆皇帝题。——译者注

图 19 山东曲阜县颜庙复圣殿。塚本靖博士拍摄。

江西九江县白鹿洞书院

　　白鹿洞书院位于江西省庐山南麓，由李渤兄弟创建，后来在朱熹的经营下，规模日渐扩大，成为中国第一大书院，如今[①]处于荒废状态。书院内有八个院落，东西方向一字排开，自东起第一座院落称为先贤书院，规模最大；第四座院落为紫阳书院，祭祀有朱子灵位；第五座院落为文庙；第七座院落为报功祠[②]，祭祀督学冀公；第八座院落为邵康节祠。现存建筑新旧混杂，难以确定建造年代。（伊东忠太）

――――――――――

① 原书所指"如今"为民国时代，下文相同。――译者注
② 用于祭祀历代有功于白鹿洞书院的人。――译者注

图 20 江西九江县白鹿洞书院。常盘大定博士拍摄。

图 21 江苏南京贡院明远楼及号舍。关野贞博士拍摄。

江苏南京贡院

　　南京贡院位于南京城内，始建于明朝，[①] 清朝同治五年（1866 年）大规模增修后，[②] 成为安徽、江苏两省的贡试考场。进入正门后是一座牌坊，面阔七间，进深三间，往里走五十米远，三层结构的明远楼就矗立在路中央，继续走七十米左右，便来到至公堂，再往里走五十米，是衡鉴堂，继续走五十米就是贡院的后墙。进大门后有一条长长的道路，路宽五尺七寸（1.90 米），道路两侧排列着很多院子，院子的门楣上用千字文一一写着编号，院子里隔出供考生使用的考室。每间考室宽三尺五分（1.17 米），进深三尺七寸七分（1.26 米），考室之间用砖墙隔断，上面盖着瓦。这些考室在当时被称为"号舍"。号舍共计一万八千九百间，规模之大，令人惊叹。图 21 和图 22 是两列号舍相对的样子。图 23 是号舍的鸟瞰图，图 24 是号舍的门，通过这道门可以看见左侧并排的号舍。（关野贞）

---

① 南京贡院始建于南宋乾道四年（1168 年）。——译者注
② 清朝同治三年（1864 年）曾国藩的湘军攻克南京时，贡院一派衰败景象。为笼络士子、争取民心，曾国藩果断决定立即修复南京贡院。后又历经同治六年、八年、十年、十二年（1867、1869、1871、1873 年）几次增扩，成为当时清朝二十三个行省的贡院之最。——译者注

图 22 江苏南京贡院至公堂及号舍。关野贞博士拍摄。

图 23 江苏南京贡院号舍全景。原照片出自《长江大观》[1]。

——————————

① 出版于 1916 年，作者为日本文化学者山根倬三。——译者注

图 24 江苏南京贡院部分号舍。关野贞博士拍摄。

第三章
道教建筑

第一节 五岳之地

山东泰安县泰山庙[①]

泰山为五岳之一，别名东岳，因此泰山庙又称东岳庙。泰山庙位于泰山脚下，是历代帝王举行封禅大典和祭祀山神的地方。泰山庙始建于汉朝以前，之后几易其址，屡次增修，至今已成为一座壮丽的庙宇。庙的正门为正阳门，是一座双层门楼。其下层为砖结构，有三扇门，底部墙壁向外倾斜伸出，宛如城门，坚固无比。门上有裙摆状屋檐，较为少见。上层正门有三扇窗户，后方有一扇窗户，歇山式屋檐。砖墙以正阳门为中心，向左右两侧延伸，将整座庙宇团团围住，砖墙四角建有造型奇特的角楼。

正阳门往北是配天门，再往北是仁安门，仁安门是正殿峻极殿[②]的正门。峻极殿是一座大型重檐歇山建筑，殿前有露台，正面有阔一间的回廊，上下两层均采用出三跳的斗拱，屋顶覆盖黄瓦。基座正面左右两侧各有一座六角形碑亭，立有乾隆御笔碑。峻极殿的建造年代不明，但推测应为明朝时再建。（关野贞）

---

① 即岱庙。——译者注
② 泰山庙的主体建筑，元称仁安殿，明称峻极殿，民国始称天贶殿。——译者注

图 25 山东泰安县泰山庙正阳门。关野贞博士拍摄。

图 26 山东泰安县泰山庙峻极殿。关野贞博士拍摄。

图 27 山东泰安县泰山庙角楼。塚本靖博士拍摄。

山东泰安县泰山庙角楼

　　泰山庙四周环绕着坚固的砖墙，四角建有"乾、坤、巽、艮"四座角楼。图中的巽楼为其中之一，屋顶高度不一，错落有致，结构精巧，显得妙趣横生。

（塚本靖）

图 28 河南登封县嵩山中岳庙峻极殿。关野贞博士拍摄。

河南登封县嵩山中岳庙峻极殿

　　嵩山又称中岳，其庙宇被称为嵩山中岳庙，又名中岳庙。中岳庙建于山麓，用于祭祀山神。现存建筑重建于清朝顺治十年（1653 年）[①]。中岳庙规模宏大，面阔九间，进深五间，重檐屋顶，四面排水，立于基座之上，覆盖黄瓦。基座前方有露台，下面有三条石阶，侧面各有一条石阶，基座四面围绕石栏杆。（关野贞）

[①] 明朝崇祯十七年（1644 年），中岳庙毁于大火。后历经多次整修，于清朝康熙五十二年（1713 年），中丞鹿佑捐俸重修中岳庙。乾隆年间（1736—1796 年），对中岳庙进行了一次大规模全面整修。——译者注

河南登封县嵩山中岳庙太室阙 ^①

太室阙位于嵩山中岳庙前方，中央通道宽约二十二尺（7.26米），左右地基高约一尺（0.33米），上面建有厚二尺三寸（0.76米）、宽六尺九寸（2.30米）的石墙，墙顶盖有挑檐。

据铭文显示，太室阙始建于东汉安帝元初五年（118年），是中国现存最古老的建筑之一。（塚本靖）

---

① 原为中岳庙前身太室祠前的神道阙。——译者注

图 29 河南登封县嵩山中岳庙太室阙。塚本靖博士拍摄。

图 30 河南登封县嵩山中岳庙太室阙西阙。关野贞博士拍摄。

图 31 河南登封县嵩山中岳庙太室阙东阙。关野贞博士拍摄。

图 32 河南登封县启母阙。塚本靖博士拍摄。

河南登封县启母阙

启母庙又名开母庙[①]，目前仅存庙前神道阙，即启母阙，其余建筑已经不复存在。启母庙位于嵩阳宫附近，在登封县政府东北方向六里处。石阙由颍川太守朱宠建于东汉安帝延光二年（123 年）。中央通道长约十步，石壁宽六尺九寸（2.30 米），厚二尺三寸五分（0.78 米），规模形态都与太室阙相似。（塚本靖）

[①] 因避汉景帝刘启名讳，改"启"为"开"。——译者注

图 33 河南登封县启母阙西阙。关野贞博士拍摄。

图 34 河南登封县启母阙东阙。关野贞博士拍摄。

陕西华阴县华岳庙正殿

华岳庙又称西岳庙，祭祀西岳华山的山神。华岳庙始建于汉武帝时，之后几经兴衰，一直受到朝野上下尊崇。明朝嘉靖十八年（1539 年）[①]朝廷下诏重建此庙，清朝康熙四十四年（1705 年）再度重建，正殿可能改建于此时。华岳庙规模宏大壮丽，砖墙上的圆窗以及斗拱间的复杂设计尤其值得关注。（关野贞）

右图 >
图 35 陕西华阴县华岳庙正殿斗拱。关野贞博士拍摄。

[①] 明朝成化十八年（1482 年）进行修建，历时二十八年方修建结束。——译者注

第二节 其他

浙江绍兴县禹王庙正殿

　　会稽山上有座大禹陵。禹王庙原本在山阴县涂山南麓，明朝时迁至大禹陵附近，成为现在的样子。正殿面阔五间，重檐歇山结构，斗拱出两跳。內部为彻上明造，结构非常宏大。殿內中央位置有神龛，供奉有禹王像。（关野贞）

图 36 浙江绍兴县禹王庙正殿。关野贞博士拍摄。

浙江绍兴县南镇庙^①正殿

中国自古以来就有四镇名山的说法，其中之一的会稽山位于南方，山上用来祭祀山神的庙宇便被称为南镇庙。正殿三间，单屋歇山结构，前方通道一间阔，不使用半拱，样式很简洁，仅有少许图案和彩色。（关野贞）

———————————

① 南镇庙今已不存。——译者注

图 37 浙江绍兴县南镇庙正殿。关野贞博士拍摄。

四川绵阳县文风塔

　　文风塔是一座道教风水塔。风水塔有多种造型，而这座文风塔的造型多见于华中地区。文风塔八角十三层，轮廓曲线优美，设计风格显然受佛塔影响，只是塔顶没有相轮，塔的內外也没有佛教雕刻。现存的建筑年代不明，但从造型上来看，最早或许可以上溯至宋朝时期。

图 38 四川绵阳县文风塔。大熊博士拍摄。

湖北汉口关帝庙春秋殿

　　春秋殿是关帝庙的正殿，建于清朝后期，其建筑风格明显有别于以往的同类建筑。秀逸的造型、新奇的楣梁雕刻、纤细的多层栏杆，无一不是新颖的设计。（伊东忠太）

图 39 湖北汉口关帝庙春秋殿正面。大熊博士拍摄。

图 40 江苏吴县玄妙观弥罗宝阁。大熊博士拍摄。

江苏吴县^①玄妙观弥罗宝阁

弥罗宝阁^②在道观建筑中堪称大制作，三层高阁，雄伟无比。第三层顶上另建有房屋，这种建筑手法颇具特色。弥罗宝阁始建于明朝正统年间（1436—1449 年），清朝康熙十二年（1673 年）重建。（伊东忠太）

---

① 今苏州吴中区和相城区。——译者注
② 始建于明朝正统三年（1438 年），1912 年毁于大火。——译者注

四川德阳县奎星阁

奎星阁用来祭祀道教中的奎星，共有三层，第一层为四角三楹，第二层和第三层为八角形，第二层的四角转弯处建有挡水屋檐，独具创意。奎星阁总体形状非常整齐，应该是清朝初年的建筑。（伊东忠太）

图 41 四川德阳县奎星阁。大熊博士拍摄。

图 42 四川罗江县魁星阁。大熊博士拍摄。

四川罗江县魁星阁 [1]

　　魁星阁用来祭祀道教中的魁星，共有五层，第一层为四角三楹，第二层和第三层是四角造型，第四层和第五层为八角形。第一层和第二层的中央位置建有两段式屋顶，屋顶与屋檐线条交错，生意盎然。据推测，魁星阁可能建于清朝中期。（伊东忠太）

————————————

① 今多作"奎星阁"。——译者注

直隶^①张家口关帝庙

张家口关帝庙隐藏在华北地区的土制建筑之中，其式样极尽近代建筑繁复纤细之能事，与周围单调而粗犷的土制墙壁和建筑形成强烈反差。这座建筑可能建于清朝中期。（伊东忠太）

---

① 直隶为今河北。——译者注

图 43 直隶张家口关帝庙。大熊博士拍摄。

直隶天津玉皇阁

　　玉皇阁用来祭祀道教的玉皇大帝，建于清朝光绪十七年（1891 年）[①]。斗拱的结构较为奇特，它向上下左右方向呈四十度角放射探出，看上去极其拥挤。屋脊装饰手法也值得留意。（伊东忠太）

———————

[①] 玉皇阁始建于明朝宣德二年（1427 年），明清两代多次修缮和重建。——译者注

图 44 直隶天津玉皇阁。大熊博士拍摄。

图 45 广东澄海县汕头庙。大熊博士拍摄。

广东澄海县汕头庙

　　这座庙属道教建筑，虽然不知道祭祀哪位神明，但很适合用来展示华南地区特有的建筑风格。屋脊两端的装饰性雕刻毫无拘束，细致繁杂的程度令人瞠目，墙壁却单调乏味。据推测这应该是新近[1]的建筑。（伊东忠太）

————————

① 指民国时期。——译者注

图 46 奉天海城县关帝庙。大熊博士拍摄。

奉天^① 海城县关帝庙^②

一般而言，东北地区的建筑丰饶之气较少，这点也与当地的景色匹配。海城县关帝庙就是其中一例。这座关帝庙的一面坡屋顶很有创意，这种不拘一格的建筑手法值得关注。该庙应该是清朝末年的建筑。（伊东忠太）

① 奉天为今沈阳。——译者注
② 又名山西会馆，始建于清朝康熙二十一年（1682 年）。——译者注

图 47 湖北汉阳县大别山禹王庙。大熊博士拍摄。

湖北汉阳县大别山禹王庙 [1]

　　本庙用来祭祀大禹，地基四周环绕院墙，庙宇、走廊和院子等都在墙內，但墙壁和屋壁连成一体，非常奇特。本庙应该建于清朝末年。（伊东忠太）

_____

[1] 即今汉阳龟山禹稷行宫，始建于南宋，初为禹王庙。明朝天启年间（1621—1627 年）改禹王庙为禹稷行宫，清朝同治三年（1864 年）再次重修，改为具有浓郁地方风格和精湛民间工艺的砖木结构建筑。——译者注

图 48 广东新会县崖山全节庙。大熊博士拍摄。

广东新会县崖山全节庙 ①

全节庙中央是南宋最后的皇帝赵昺之母杨太后，左右列有殉节忠臣及宫嫔等人。仅从建筑层面而言，这座庙并非杰出作品，但仍不失为体现华南建筑特色的代表作。此庙建于明朝中叶，在清朝时期多次修缮。（伊东忠太）

——————————————

① 即崖山祠国母殿。——译者注

奉天太清宫老君殿

太清宫为道教庙宇，是沈阳最大的道观。老君殿內祭祀老子，配祀韦驮护法和五灵官。这是一座三间单层建筑，两面坡顶，规模虽然不大，但建筑布局很有章法，应该建于清朝初年。（伊东忠太）

图 49 奉天太清宫老君殿。大熊博士拍摄。

图 50 奉天太清宫老君殿细节。大熊博士拍摄。

奉天太清宫老君殿细节

外壁上部承接封檐板的位置有纤细的雕刻，其余地方的雕刻比较简洁。就当时的建筑手法而言，斗拱之类的设计相当精巧，短短的双层橡木也体现出高超的建筑技巧。（伊东忠太）

第四章

佛教建筑

图51 河南登封县嵩岳寺塔。
关野贞博士拍摄。

河南登封县嵩岳寺塔

　　嵩岳寺位于嵩山南麓，原本是北魏宣武帝的行宫，后于孝明帝正光四年（523年）[①] 捐为寺庙，殿宇得到扩建，立起十五层的砖塔，即现存佛塔。该佛塔平面为十二角形，高十五层，世间罕见。佛塔第一层很高，第二层往上变矮，各层体积往上逐层递减，整体轮廓优美，呈抛物线形状。另外，第一层的八角形角柱、莲花拱窗、窗户上下的球形盖饰、墙壁护板装饰以及第二层以上的小莲花拱窗均为北魏风格。该塔堪称中国现存最古老的佛塔建筑，同时也是最古老的砖造建筑。（关野贞）

————————————

① 一说为北魏正光元年（520年）改名为闲居寺。——译者注

图 52 河南登封县嵩岳寺塔局部。关野贞博士拍摄。

山东济南神通寺四门塔

　　神通寺位于济南东南方向八十里处，是一座历史悠久的古刹。前秦时期，竺僧朗[①] 曾居住在这里。四门塔建于东魏武定二年（544 年）[②]，是汉朝石阙外，中国现存最古老的石制建筑。该塔为方形，上方有四层墙装托架承受屋梁，四角攒尖的屋顶上置有石制相轮，造型简洁大方。塔身四面有拱券门，因此得名四门塔。塔内有很大的方形墙壁，四面坛上供奉佛像和菩萨像。

　　（关野贞）

① 竺僧朗（生卒年不详），佛教高僧，北朝京兆（今陕西西安）人。——译者注

② 四门塔的建造年代说法不一，有人认为是前秦皇始元年（351 年），有人认为是东魏武定二年（544 年），也有人认为是隋大业七年（611 年）。——译者注

图 54 陕西西安慈恩寺大雁塔。大熊博士拍摄。

陕西西安慈恩寺大雁塔

慈恩寺位于西安府城南八里处,大雁塔由玄奘法师于唐朝永徽三年(652年)建造,长安年间(701—704年)改建成如今的七层四方形楼阁式砖塔。大雁塔呈方形角锥体,中央有方形室,四面设有通道,塔的外壁刻有柱子、大斗①、横木、横梁、亭阁等形状,并以砖砌出屋檐,往上逐层变小,外观稳定。塔内地面为木制,有木制楼梯通往顶层。

———————————

① 位于斗拱结构中最下方的构件。——译者注

图 55 陕西西安慈恩寺大雁塔局部。关野贞博士拍摄。

陕西西安慈恩寺大雁塔西门楣线刻画

慈恩寺大雁塔第一层的四面券门处，立有黑色大理石的门框和门楣，门上有楣石（即月牙形石头）。该佛殿西面入口的楣石上有阴刻，基座、石阶、出两跳的斗拱、斗拱间的蛙腿形装饰、双层椽木屋檐、四面排水屋顶、大梁两端的螭吻和佛殿左右的檐廊，都与日本宁乐时代的建筑物形态相似，体现出唐朝木构建筑遗风。（关野贞）

右图（上）>
图56 陕西西安慈恩寺大雁塔西门楣线刻画拓本。拓本由关野贞博士收藏。

右图（下）>
图57 陕西西安慈恩寺大雁塔西门楣线刻画摹本。吉川灵华[①]绘制。

[①]吉川灵华（1875—1929年），日本画家，"狩野画派"传人。——译者注

图 58 陕西西安荐福寺小雁塔。关野贞博士拍摄。

陕西西安荐福寺小雁塔

荐福寺位于西安府城南门外，小雁塔建于唐朝景龙年间（707—709 年），呈方形，为密檐式砖塔，顶层屋顶现已缺失，仅存十三层塔身[①]。第一层高大，自第二层往上高、宽递减，逐层内收，轮廓修长，呈锥形。每层砖砌出檐，外墙上没有任何装饰，只有一个半圆拱形小窗。内部为方形室，前后设有券门。各层地面已经缺失，仅第一层有后世所建的竿缘天井。（关野贞）

————————————

① 明朝嘉靖三十四年（1555 年）大地震时，塔顶被毁掉两层。——译者注

陕西西安香积寺塔 [①]

香积寺位于西安府城南三十里处，据称始建于唐朝永隆二年（681年）。塔初建时有十三层，现已缺少顶上部分，仅余十一层。塔身方形，第一层高大，第二层往上高度骤减，用砖砌成扁柱、栏额、斗拱。墙面刻有柱子，中央位置开有半圆拱窗户，仍具有木构佛塔的神韵。（关野贞）

[①] 应为香积寺善导塔，为纪念净土宗创始人之一善导大师而建。——译者注

图59 陕西西安香积寺塔。关野贞博士拍摄。

陕西西安兴教寺玄奘塔

兴教寺位于西安府城南约五十里处。玄奘法师圆寂后，先葬于浐河东面。唐朝总章二年（669年）朝廷下诏将灵骨迁至兴教寺，并在墓室上建造五层砖塔，同时因塔建寺。塔身为方形，从下往上，高、宽逐层递减，轮廓优美，但顶层屋顶已缺失。第一层南面辟半圆拱门，有台轮及三斗形结构支撑屋檐。第二层往上，塔身各面被八角形倚柱分成三间，柱顶有额枋和斗拱，体现出唐朝木构建筑特色。（关野贞）

右图 >
图 60 陕西西安兴教寺玄奘塔（五层）、慈恩塔①（三层）、圆测塔（三层）。关野贞博士拍摄。

————————

① 应为窥基塔，无慈恩塔这一说法。——译者注

图 61 陕西西安兴教寺玄奘塔局部。关野贞博士拍摄。

北京房山县云居寺
小西天北台和中台的石塔

云居寺位于房山县城西南六十里处，是一座大型寺庙，寺庙东面的山名叫东峰，因此寺庙又被称为"小西天"。东峰上面建有五座石台，台上各立有一座小型石塔。其中，北台上的九层汉白玉塔，建于唐朝开元二十八年（740 年）四月四日，此塔第一层特别高大，正面辟有莲花拱门，入口左右阳刻天王力士像，内部供奉释迦坐像。第二层往上逐层递减，逐渐变小，形似炮弹，塔顶有相轮。整体造型稳重，手法也极为精巧。

中台上的塔是单层结构，正面有尖拱形入口，左右浮雕二天王像，建有四面攒尖屋顶，模拟出瓦片效果，顶部放置相轮。外形优美，工艺精湛。（关野贞）

图 62 北京房山县云居寺小西天北台小石塔。
关野贞博士拍摄。

图 63 北京房山县云居寺小西天北台小石塔局部。关野贞博士拍摄。

图 64 北京房山县云居寺小西天中台小石塔。关野贞博士拍摄。

北京房山县云居寺北塔周围小石塔

云居寺院内矗立着南北两座砖塔，北塔所在的方形石坛四角各有一座小石塔。

东北角小塔，七层，建于唐朝开元十年（722 年）四月八日。

东南角小塔，七层，建于唐朝太极元年（712 年）四月八日。

西南角小塔，七层，建于唐朝开元十五年（727 年）仲春 [①] 八日。

西北角小塔，七层，建于唐朝景云二年（711 年）四月八日。

这四座小塔的造型及建筑手法和小西天九层小塔相同，用白色大理色建造，唯独层数不同。（关野贞）

————————

① 仲春应指农历四月。——译者注

图 65 北京房山县云居寺北塔西南角七层小石塔局部。关野贞博士拍摄。

图 66 北京房山县云居寺北塔东南角七层小
石塔。关野贞博士拍摄。

图 67 北京房山县云居寺北塔东南角七层小
石塔局部。关野贞博士拍摄。

图 68 北京房山县云居寺北塔东北角七层
小石塔。关野贞博士拍摄。

图 69 北京房山县云居寺北塔东北角七层
小石塔局部。关野贞博士拍摄。

山东济南神通寺龙虎塔

神通寺院内两层高的基座上立有两层佛塔，基座四面的护板上刻有飞天像。基座上又有塔坛，护底石中央位置刻有龙虎图案，左右为飞天，四角为力士像。塔身四面都辟有券门，入口上方为莲花拱，左右浮雕仁王和罗汉像等，其上刻有龙虎、罗汉、力士、飞天等图案，极为华丽。佛塔上下两层均使用出两跳的斗拱，上层上方斜向放置方形露盘，支撑相轮，但现在仅有部分保存。此塔建筑年代不明，但从其造型来看，可能建于唐朝末年。（关野贞）

图 70 山东济南神通寺龙虎塔。关野贞博士拍摄。

图 71 山东济南神通寺龙虎塔局部。关野贞博士拍摄。

云南昆明常乐寺（东寺）塔

常乐寺塔位于云南省城南郊外，据称始建于唐朝贞元初年（976 年）[1]，重建于清朝康熙六年（1667年），实际始建于大理国[2] 时代。但现存建筑因近年修缮的缘故，已经失去古建筑的神韵。这是一座四角十三层塔，第七层和第八层面积最大，塔刹由七重相轮、伞盖和双层宝瓶组成，顶层屋顶四角立有铜鸟[3]，这种创意堪称孤例。这可能是大理国独有的建筑风格。（伊东忠太）

[1] 原文如此，疑似有误，贞元初年应为 785 年。常乐寺塔始建于唐朝太和三年（829 年），历时 30 年，于大中十三年（859 年）竣工。清朝道光十三年（1833 年）昆明地震，常乐寺塔倾塌。现存常乐寺塔为清朝光绪八年（1882 年）在三皇宫旧址仿西寺塔的式样、规模重建。——译者注
[2] 大理国（937—1094 年，1096—1254 年），西南一带建立的以白族为主体的少数民族政权。——译者注
[3] 即"迦楼罗"，俗称金鸡或金翅鸟。——译者注

右图 >
图 72 云南昆明常乐寺（东寺）塔。大熊博士拍摄。

图 73 云南昆明慧光寺（西寺）塔。大熊博士拍摄。

云南昆明慧光寺（西寺）塔

慧光寺塔和前文介绍的常乐寺塔遥相呼应，但目前已经荒废，现存建筑可能是清朝康熙六年（1667 年）的状态①。据记载，两座塔的高度都是十三丈（43.33 米）。（伊东忠太）

---

① 清朝康熙六年（1667 年）名僧德润修葺该塔，道光十三年（1833 年）大地震，该塔遭严重损坏。伊东忠太见到的塔应为 1833 年毁坏后的状态。另，该塔在 1983 年得以修缮。——译者注

山东邹县重兴寺砖塔

重兴寺位于邹县西北，如今寺庙已经荒废，仅存重兴塔。这是一座八角九层砖塔，第一层和第二层施用斗拱，出两跳，第三层以上采用极密的仰莲瓣作为檐下装饰，颇具特色。该塔塔刹不完整，目前仅存铜制宝珠和圆盖。该塔从外观上看显得厚重，但屋檐上的建筑手法并不多见，可能建于唐朝末年 [①]。（关野贞）

图 74（上） 山东邹县重兴寺砖塔。关野贞博士拍摄。

图 75（下） 山东邹县重兴寺砖塔局部。关野贞博士拍摄。

———————————

① 重兴寺砖塔始建于北宋初年，明朝天启二年（1622 年）残毁，崇祯年间（1628—1644 年）重修。——译者注

直隶定县开元寺料敌塔

料敌塔又称北塔，全部为砖造，始建于宋真宗咸平四年（1001 年），宋仁宗至和二年（1055 年）竣工，高二百三十尺（76.67 米），外廓为曲面，自下而上逐层收缩，建筑造型极为端庄。料敌塔东北面已经坍塌[①]，无法探查内部结构。宋朝以后的塔，基本上都参考这一式样。（塚本靖、伊东忠太）

图 76 直隶定县开元寺料敌塔。塚本靖博士拍摄。

① 清朝光绪十年（1884 年），定县开元寺料敌塔的东北面自然塌落。——译者注

图 77 直隶定县开元寺料敌塔东北面。大熊博士拍摄。

江苏南京摄山^①栖霞寺舍利塔

栖霞寺是一座古寺，位于南京东北的摄山。寺内的舍利塔始建于隋朝开皇年间（581—600 年）^②，后来由南唐的高越和林仁肇重修。塔身全为灰白色石灰岩，八角五层，立于基座之上。基座的束腰部分阳刻释迦八相，角柱刻有力士及立龙图案。第一层塔身立于莲花座上，莲花座的每片花瓣上都阴刻精美的宝相花，四面刻门形，四角刻四天王像。第二层以上明显低矮，四面各有二尊佛像，屋顶仿瓦片式样。此塔总体造型优美，从基座到塔身都施以精巧细致的雕饰，但略微缺少一些宏大的气势。有观点认为此塔为南唐时期改建，这也可能是事实。（关野贞）

右图 >
图 78 江苏南京摄山栖霞寺舍利塔。关野贞博士拍摄。

---

① 今栖霞山。——译者注
② 此处表述有误。栖霞寺舍利塔始建于南齐永明元年（483 年），隋朝仁寿元年（601 年）复修，现存石塔是五代南唐时期重建。——译者注

图 79 江苏南京摄山栖霞寺舍利塔基座角柱雕刻。关野贞博士拍摄。

右图 >
图 80 江苏南京摄山栖霞寺舍利塔第一层及基座。关野贞博士拍摄。

江苏南京摄山栖霞寺舍利塔基座雕刻释迦八相图

栖霞寺舍利塔基座的八面束腰部分有释迦八相浮雕，手法颇为精美。八相图位置及內容如下：

一、西北面：托胎

二、北面：诞生

三、东北面：出游

四、东面：出家

图81 江苏南京摄山栖霞寺舍利塔基座雕刻释迦八相图：诞生。关野贞博士拍摄。

图 82 江苏南京摄山栖霞寺舍利塔基座雕刻释迦八相图：出游。关野贞博士拍摄。

五、西南面：降魔

六、东南面：成道

七、南面：说法

八、西面：涅槃

值得注意的是，这些图案中的宫殿、楼阁及人物服饰全然不似印度风格，完全是中国本土式样，如宫殿中有垂帘或卷帘，栏杆的波浪形长柱和雷纹图案短柱等。凡此种种，无不体现出当时的建筑艺术特征。

图 83 江苏南京摄山栖霞寺舍利塔基座雕刻释迦八相图：降魔。关野贞博士拍摄。

图 84 江苏南京摄山栖霞寺舍利塔基座雕刻释迦八相图：涅槃。关野贞博士拍摄。

浙江杭州雷峰塔

雷峰塔位于杭州西湖南岸的山丘上，自成一景，为周围的景色平添了一分情趣，但该塔在1924年彻底倒塌了[①]。吴越王钱俶于宋朝开宝八年（975年）建造雷峰塔，[②] 当时制作了宝箧印陀罗尼经书共八万四千卷，每块砖藏一卷。经书在宝塔倒塌后重见天日。此塔是一座八角五层砖塔，第一层边长约四十尺（13.33米），全塔规模可见一斑。最开始，各层墙面建有柱子，具有木制斗拱及屋檐结构，但木构部分早已朽烂，仅墙壁上残存痕迹。（关野贞）

[①] 现存建筑为2002年重建。——译者注
[②] 雷峰塔是吴岳王钱俶为奉安佛螺髻舍利于北宋太平兴国二年（977年）建造。——译者注

图85 浙江杭州雷峰塔。关野贞博士拍摄。

浙江杭州保俶塔

保俶塔是一座八角七层砖塔，位于杭州西湖湖畔宝石山的山顶上，由吴越王钱俶建造。[①] 现存的保俶塔是后世用砖石围住旧塔改建而成。当时的宝塔为砖木混合结构，四角建有八角柱，支撑一斗三升斗拱，斗拱间也有三升斗，用以支撑横梁，横梁上方叠涩出檐。后世修塔时，用砖将外部包裹，上面加上木制屋顶，但现在木制部分已经不复存在。现存的保俶塔从下往上逐层收窄，塔顶有铁相轮，外观颇为挺拔。（关野贞）

右图 >
图 86 浙江杭州保俶塔。关野贞博士拍摄。

———————

① 一般认为保俶塔为吴越王钱俶母舅吴延爽所建。——译者注

浙江杭州闸口白塔

　　闸口白塔是一座八角九层塔，以白色大理石砌成。塔身立于基座之上，四面刻有壶门，上方为火焰形，左右阳刻菩萨立像。斗拱出两跳，塔檐椽木为双层扇状，仿盖瓦式样。第二层四周围有斗拱，但栏杆散佚。相轮为铜制，有破损。白塔总体形态秀丽，建筑技法精湛，但因多次蒙受火灾，多有损坏。此塔具体建造年代不详，可能建于宋朝初年吴越王时代。（关野贞）

图 87 浙江杭州闸口白塔。关野贞博士拍摄。

浙江杭州灵隐寺大殿前的石塔

　　灵隐寺是宋朝禅宗五山[①]之一，闻名遐迩。大殿前的月台左右两侧各有一座八角九层石塔，据传为吴越王所建，从建筑风格上看应当属实。两座石塔东西对称，结构完全相同，都立于两层基座之上，各层四面刻有假门，门框上方为火焰形，门的左右阳刻菩萨像，角落处阳刻佛像、菩萨像和二天王像。塔的四角处使用圆柱和出两跳的斗拱，支撑双层椽，塔檐仿盖瓦式样。各层往上逐层收缩，结构平衡，造型优美，建筑手法非常精细。（关野贞）

[①] 南宋时期始建"五山十刹"之制。五山十刹是官寺中五座最高与十座次高禅宗寺院的合称。五山分别为余杭径山寺、杭州灵隐寺、杭州净慈寺、宁波天童寺、宁波阿育王寺。——译者注

图88 浙江杭州灵隐寺大殿前的石塔。关野贞博士拍摄。

图 89 浙江杭州灵隐寺大殿前的石塔局部。关野贞博士拍摄。

河南开封祐国寺铁塔

祐国寺铁塔在开封城内东北角，是一座八角十三层砖塔，外观镶以褐色琉璃砖，为铁褐色，故俗称铁塔。底层平面边长十四尺（4.67米），高约二十三丈（76.67米）[①]。每层墙壁的砖石上刻画佛龛或阳刻花纹，斗拱和屋檐也使用同样的黄绿琉璃砖砌就，屋顶盖有黄琉璃瓦。塔身层层重叠，从下往上逐层缩小，秀丽挺拔。铁塔始建于宋朝乾德年间（963—967年）[②]，虽经后世修补，但总体上保存了往昔的风貌。（关野贞）

① 现存铁塔高55.08米。——译者注
② 原为木塔，北宋庆历四年（1044年）毁于雷火，皇祐元年（1049年）重建，即今之铁塔。——译者注

图90 河南开封祐国寺铁塔。关野贞博士拍摄。

图 91 河南开封祐国寺铁塔局部。关野贞博士拍摄。

浙江天台山国清寺砖塔

国清寺位于天台山脚下，寺前立有九层砖塔。塔高约二十三丈（76.67米），相传始建于隋朝，名称沿袭至今，但从风格上看，似为宋朝初年再建[①]。宝塔为六面，中央有六角形房间，前后设有通道。塔身为砖砌，外形雄伟挺拔，建成时有木制斗拱及屋檐，但如今已经被破坏殆尽，仅能在砖墙上窥见痕迹。

图 92 浙江天台山国清寺砖塔。关野贞博士拍摄。

[①] 国清寺砖塔始建于隋朝开皇十八年（598年），修葺于南宋建炎二年（1128年），残高 59.40 米。——译者注

浙江台州临海县千佛塔

千佛塔位于台州城内的中峰山麓，是一座七层砖塔，目前最顶层的上部已经缺失[①]。千佛塔为六面塔体，东面有入口，可由此登顶。各层的木制斗拱和塔檐已经散佚，目前仅存砖石墙体。第二层以上各面辟有壶门，内部为通顶结构，塔身表面装饰有多达千尊的佛像砖，因此得名千佛塔。从建筑式样来看，该塔可能建于宋朝时期[②]。（关野贞）

右图 >
图 93 浙江台州临海县千佛塔。关野贞博士拍摄。

[①]1976 年时曾进行修缮，将因毁坏而呈不规则状的塔顶改成攒尖顶，但未按照原状复原。1999 年，再次对塔进行修缮，将塔顶恢复成原状。——译者注
[②]始建于唐朝天宝三年（744 年），现存塔身为元朝大德三年（1299年）重建。——译者注

河南开封国相寺繁塔

　　繁塔是一座六角三层塔，顶上立有七层小塔，底层平面边长约四十六尺五寸（15.50 米），据说原本为九层高塔，明太祖时期上面的六层被撤掉[①]。虽然现在仅存三层，但高度仍有九丈五尺（31.67 米），足以想象当年的宏伟。墙面四处刻有小佛龛。繁塔建于宋太宗太平兴国二年（977 年）[②]，保留了当时的艺术风格。（塚本靖）

图 94 河南开封国相寺繁塔。塚本靖博士拍摄。

---

①元朝时，由于雷击，繁塔上方两层被毁；明朝初年"铲王气"事件使"塔七级去其四，止遗三级"；清朝初年在残塔上筑六级小塔封住塔顶。——译者注
②该塔始建于宋朝开宝七年（974 年）。——译者注

图 95 河南开封国相寺繁塔局部。关野贞博士拍摄。

山东兖州兴隆寺砖塔

兴隆寺位于兖州东北，寺庙已经荒废，目前仅存这座八角十三层砖塔。此塔下面七层体积很大，但上面六层明显收小，第七层平台上围有扶栏，可以从塔内沿楼梯到达此处。本塔造型别致，外观稳重而秀丽。《山东通志》记载此塔始建于宋朝太平兴国七年（982年）[①]，从样式上看应当是可信的。（关野贞）

图96 山东兖州兴隆寺砖塔。关野贞博士拍摄。

[①] 兴隆寺塔始建于隋朝仁寿二年（602年），初为十三层木塔，宋朝嘉祐八年（1063年）改建为宋代形制砖塔。清朝康熙七年（1668年）毁于地震，康熙三十一年（1692年）至康熙五十九年（1720年）重建。——译者注

河南郑县开元寺砖塔 [①]

开元寺塔始建于唐玄宗开元年间（713—741年），外观秀美，塔身为八角形，底层平面边长约十二尺（4米），顶层已破损，现存十一层。

此塔前方有八角石制经幢，宽约九寸（0.30米），高五尺三寸八分（1.79米），亭阁式顶，中有华盖，下有仰莲座，设计和工艺都颇为精巧。石刻铭文显示此塔建造于唐僖宗中和五年（885年），重建于后唐明宗天成五年（930年）。（塚本靖）

图97 河南郑县开元寺砖塔。塚本靖博士拍摄。

[①] 塔已不存。1944年日军进犯郑州，毁于战火。——译者注

图 98 山西应县佛宫寺
木塔。大熊博士拍摄。

山西应县佛宫寺木塔

本塔始建于辽代清宁二年（1056 年），据说从建立到现在还没有重建过，但这一说法并不准确。这是一座辽代风格的大型古塔，全部为木结构，八角五层[①]，据传高有三百六十尺（120 米）。第一层的单坡屋顶长四十一尺三寸（13.77 米），推测塔高应该达到二百五十尺（83.33 米）[②]。（伊东忠太）

[①] 木塔五层六檐，四级暗层，实为九层。——译者注
[②] 木塔实高 67.31 米。——译者注

山西应县佛宫寺木塔局部

就本塔的局部而言，斗拱非常重要。它的风格和流传于日本的唐朝建筑风格相似，但更富于变化。塔刹尤其别出心裁，高四十五尺（15 米）有余，确信为辽代所建。（伊东忠太）

图 99 山西应县佛宫寺木塔局部。大熊博士拍摄。

浙江宁波太白山天童寺镇蟒塔

　　镇蟒塔位于太白岭支峰小白岭的山顶，据传始建于唐朝会昌年间（841—846年），近年因重建的缘故 [1]，旧日风貌已经荡然无存。镇蟒塔八角七层，顶层围有新建的木制外廊及栏杆，塔顶支撑宝珠。（关野贞）

图100 浙江宁波太白山天童寺镇蟒塔。关野贞博士拍摄于 1918 年。

---

[1] 应当指的是 1920 年的重建。——译者注

图101 浙江宁波太白山天童寺镇蟒塔。
常盘大定博士拍摄于1922年。

浙江宁波天封寺砖塔

天封寺位于宁波城内东南角，天封塔始建于唐朝万岁登封至万岁通天年间（696—697 年），元朝泰定三年（1326 年）废弃，至顺元年(1330 年)重建。木制斗拱、塔檐和屋顶现已散佚，仅存砖筑塔身。这是一座六角七层砖塔，通高约一百三十尺（43.33 米）。[①]（关野贞）

图 102 浙江宁波天封寺砖塔。关野贞博士拍摄。

[①] 天封塔始建于唐朝武则天天册万岁至万岁登封年间（695—696 年），因建塔年号始末"天""封"得名。塔高约 51 米，共十四层，七明七暗。——译者注

浙江宁波阿育王寺砖塔 [①]

阿育王寺砖塔位于阿育王寺前方的荒地中。元朝至正二十四年（1364年）开始重建，四年乃成。这是一座六面七层砖塔，横截面边长约十二尺（4米），高约十二丈（33.33米），第一层四周另有木结构厢房，现已散佚。第二层往上有八角形角柱，斗拱出跳，附着墙壁的斗拱和肘状承衡木为砖制，伸出的斗拱、肘状承衡木和圆梁为木制。屋顶现为砖叠涩出檐，但起初应为木结构椽子。塔身从下往上逐渐缩小，外观高雅秀丽。（关野贞）

图103 浙江宁波阿育王寺砖塔。关野贞博士拍摄。

---

① 现多称阿育王寺西塔，因位于阿育王寺西侧而得名。——译者注

浙江绍兴塔山应天塔

应天塔位于绍兴城内的塔山上，是一座八角七层砖塔。以前每层都有木结构斗拱和屋檐，现已缺失，只有砖筑塔身留存至今，偶尔能见到斗拱的残件。塔身涂白，各层辟有火焰形窗户。第一层环绕木制外廊，但如今业已毁坏殆尽，徒留石柱茕茕孑立。此塔建造年代不详，可能建于宋朝时期，后世有过几次修补。（关野贞）

图104 浙江绍兴塔山应天塔。关野贞博士拍摄。

图 105 浙江绍兴大善塔。关野贞博士拍摄。

浙江绍兴大善塔

大善寺位于绍兴城内，寺庙非常破败，可供观赏的只有这座六角七层砖塔。大善塔原有木结构斗拱和屋顶，现已散佚，仅存砖塔塔身。塔的每面都有门窗，有些为火焰形壶门。本塔建造时间不明，有可能建成于宋朝时期[1]。（关野贞）

――――――――――

[1] 此处遵照原文，未作修改。――译者注

江苏苏州双塔寺砖塔

双塔寺始建于宋朝雍熙年间（984—987 年），明朝永乐八年（1410 年）重修，直至今日。东塔是一座八角七层砖塔，底层平面边长七尺二寸（2.40米），高八十尺（26.67 米），西塔也是八角七层砖塔，底层平面边长七尺五寸五分（2.52 米），高八十五尺（28.33 米），两座塔的建造手法几乎一模一样，相轮和日本风格极为相似[①]。（伊东忠太）

[①] 双塔寺本名寿宁万岁院，始建于南梁天监三年（504 年），南宋庆元三年（1197 年）遭火焚，南宋绍定元年（1228 年）重建，明朝永乐元年（1403 年）重修，清朝道光二十四年（1844 年）又重修。——译者注

图 107 江苏苏州上方
塔。大熊博士拍摄。

江苏苏州上方塔 [①]

上方塔位于苏州城外西南十里处，始建于隋朝大业四年（608 年），现存建筑为清朝康熙二十四年（1685 年）毁坏后重建。上方塔八角七层，底层平面边长七尺五寸（2.50 米），斗拱和栏杆等和其他塔大为迥异。相轮很短，有三轮。（伊东忠太）

[①] 又名楞伽寺塔。——译者注

图 108 江苏苏州瑞光寺塔。大熊博士拍摄。

江苏苏州瑞光寺塔

　　瑞光寺塔在苏州城内，是一座八角七层砖塔，底层平面边长十四尺七寸五分（4.92 米），通过寺内明朝崇祯年间（1628—1644 年）碑文可知，该塔应始建于三国东吴赤乌年间（238—250 年）。该塔外观略有衰败，但内部还算完整，保留了古代的式样。（伊东忠太）

图 109 江苏苏州瑞光寺塔局部。大熊博士拍摄。

江苏苏州瑞光寺塔局部

　　瑞光寺塔内部的建筑手法精巧，斗拱的制式特别有趣，总体看来保持了南宋时期的风格，但其中也有一些天竺风格，甚至具有一些日本平安时代（794—1192 年）以前的和式风格。（伊东忠太）

浙江杭州六和塔

六和塔位于钱塘江岸开化寺内，始建于宋朝初期[①]，以平息江潮，后因兵火被毁，于绍兴二十六年（1156 年）重建。该塔屡遭火灾，历经多次重建。清朝雍正十三年（1735 年）又一次大规模重建，现存建筑的外观即形成于此时，但其内部结构还保留着始建时的风貌。

———————

[①] 六和塔始建于宋朝开宝三年（970 年）。——译者注

图 110 浙江杭州六和塔。大熊博士拍摄。

图 111 浙江杭州
六和塔内部。关
野贞博士拍摄。

　　六和塔是一座八角十三层塔，第一层有内外两层砖墙，围有开放式木结构
外廊，底层平面边长四十二尺三寸五分（14.12 米），由此可以想象塔的雄伟。第
二层以上环绕外廊，每面均有三扇窗户，视野开阔。塔内设有回旋楼梯，可以
到达顶层。（关野贞）

江苏苏州北寺塔

　　北寺塔位于苏州城内的报恩寺内，又名报恩寺塔，据传后唐同光三年（925年），钱镠将塔移建于此 [①]。现存建筑于清朝同治十二年（1873年）重修，但內部仍保留古代造型。北寺塔是一座八角九层巨塔，第一层的单坡屋顶边长四十一尺九寸（13.97米）。（伊东忠太）

[①] 报恩寺乃三国东吴赤乌年间（238—251年）孙权为其乳母陈氏所建，初名通玄寺，唐开元时改称开元寺，五代末重建后改为报恩寺。塔建于南朝萧梁时期（502—557年），为十一层宝塔，南宋绍兴二十三年（1153年）改建成八面九层宝塔。——译者注

图 112 江苏苏州北寺塔。大熊博士拍摄。

江苏苏州北寺塔局部

　　北寺塔外部没有特别值得记录的地方，但此塔的斗拱与前文提及的瑞光寺塔造型相同，尺寸也几乎一模一样，可以将二者视为同一时代的建筑。（伊东忠太）

图 113　江苏苏州北寺塔局部。大熊博士拍摄。

图 114 直隶正定县天宁寺木塔。关野贞博士拍摄。

直隶正定县天宁寺木塔

天宁寺位于正定县城内，寺庙业已荒废，仅存木塔与小佛殿。木塔据称始建于唐朝，但现存建筑可能是宋朝时期再建的，明清时代又进行大幅修缮。这是一座八角九层木塔，下方三层墙壁及斗拱为砖制，塔檐为木制。上方六层的墙壁为砖制，但斗拱和塔檐为木制，因而得名木塔。下方三层和上方六层的材质不同，由此可以推测：下方三层可能为后世所建，因此改变了当初的设计。木塔顶上立有铁制相轮，形似枣核。（关野贞）

图 115 山西平遥县慈相寺砖塔。塚本靖博士拍摄。

山西平遥县慈相寺砖塔 [①]

该塔位于平遥县城往东二十里处的冀郭村，是一座八角九层砖塔。该塔建于宋仁宗庆历六年（1046 年），高十丈（33.33 米），屹立于辽阔的平原中，在同类作品中堪称外观完整的代表作，很好地记录了当年的建筑风格。（塚本靖）

———————

① 现称麓台塔。——译者注

湖北武昌县洪山宝通寺砖塔

此塔的建筑年代虽然不详,但从它飘逸的风姿、砖石混用的结构、浅浅的塔檐以及支撑塔檐斗拱所用的材料和三球相叠的相轮等特征来看,应当建于清朝后期。(伊东忠太)

图116 湖北武昌县洪山宝通寺砖塔。大熊博士拍摄。

陕西扶风县城内的砖塔

这是一座废塔，位于县城荒废的寺庙内，八角九层，外观牢固，应当是华北地区独有的砖塔，具有宋朝的建筑风格。（伊东忠太）

图 117 陕西扶风县城内的砖塔。大熊博士拍摄。

江西九江县能仁寺砖塔

此塔正式名称为大胜宝塔，是一座六角七层砖塔。底层平面边长十四尺八寸（4.93米），其细节中最值得称道的是斗拱的手法——二升斗的应用。塔顶相轮为六球重叠的造型。这应当是清朝后期的建筑。（伊东忠太）

图 118 江西九江县能仁寺砖塔。大熊博士拍摄。

江西南昌县绳金寺砖塔

绳金塔始建于唐朝天祐年间（904—907年）[1]，清朝康熙四十八年（1709年）重建，之后又在道光年间（1821—1850年）和同治年间（1862—1874年）修缮，现在已经荒废，令人痛心[2]。这是一座八角七层砖塔，每层门洞真假相错，轮廓极富变化，妙趣横生。塔刹已经老化，仅余一颗宝珠。（伊东忠太）

---

[1] 原文标注为"904—922年"，有误。——译者注
[2] 近年来，绳金塔经过修复，面貌已焕然一新。——译者注

图119 江西南昌县绳金寺砖塔。大熊博士拍摄。

图 120 江西九江县庐山
西林寺砖塔。大熊博士
拍摄。

江西九江县庐山西林寺砖塔

西林寺砖塔位于庐山北麓,于东晋孝武帝太元元年(376 年)[1]由慧永创建。现存建筑六角七层,破败不堪[2]。从塔的局部,尤其是斗拱的特征来看,现存部分有可能建于明朝后期。(伊东忠太)

---

[1] 原文"太元元年(251 年)",有误。——译者注
[2] 该塔于 1996 年得以重修。——译者注

河南彰德天宁寺（大寺）砖塔

　　该塔又称文峰塔，是一座八角五层砖塔，从下往上逐渐变宽，顶上不设相轮，代以喇嘛式佛塔塔刹，相当罕见。基座上方有浮雕唐草饰带，上有七层莲瓣。第一层的八根角柱刻有腾龙，四面出入口①的拱券形门楣上有雕龙，门框和门扉上也装饰有精美的雕刻。（塚本靖）

————————

① 仅正南为实门，其余为砖雕假门。——译者注

图 121　河南彰德天宁寺
　　（大寺）砖塔。塚本靖
　　博士拍摄。

图122 河南彰德天宁寺（大寺）砖塔局部。关野贞博士拍摄。

图 123 北京房山县云居寺南塔。关野贞博士拍摄。

北京房山县云居寺南塔

　　云居寺在房山县城西南约五十里处，寺内立有两座砖塔。南边一座称南塔，北边一座称北塔。南塔是一座八角十一层砖塔，立于基座之上，基座为两层，装饰斗拱、高栏和雕刻①。南塔立于莲花座上，底层四面辟有入口，四角装饰直棂窗，每层排布大量斗拱，塔檐覆盖瓦片。南塔建于辽代天庆七年（1117年），其建造年代非常准确，可供其他建筑确定年代时参照。（关野贞）

---

①1942年抗日战争期间，南塔毁于侵华日军的炮火，只留下八角形塔基和残缺不全的塔下地宫，
　2014年复建。——译者注

图124 北京房山县云居寺南塔局部。关野贞博士拍摄。

北京房山县云居寺北塔

云居寺北塔和南塔一样，都立于基座之上，基座上刻有斗拱和雕饰。北塔是一座八角二层砖塔，第一层四面辟有半圆形拱门，四角有直棂窗，仅正面入口为实门，其余都是假门。第二层和第一层相同，用砖砌出斗拱和椽子形状，上面覆有瓦片。顶上置有大相轮，形似佛塔，建筑风格非常少见。墙面用小块砖筑就，手法特别。北塔建造年代不明，但细节与南塔相似，或许同为辽代时所建。（关野贞）

右图 >
图125 北京房山县云居寺北塔。
关野贞博士拍摄。

图 126 北京房山县云居寺北塔局部。关野贞博士拍摄。

北京天宁寺砖塔

天宁寺位于北京外城广安门外，寺中心巍然矗立着一座八角十三层的大型砖塔——天宁寺塔。相传此塔始建于隋朝开皇年间（581—600年），但从风格上看，可能建于辽代[①]。基座装饰有华丽花纹、佛龛和栏杆雕刻，第一层塔身立于三重莲花座之上，四面墙上辟拱门，门扉上刻雕花纹。门扉左右两侧刻金刚力士像，上有宝盖和飞天图案。墙体侧面辟直棂窗，窗户两侧砖雕菩萨像，上方刻骑狮文殊像，均为高浮雕。角柱刻腾龙，角柱上方以紧密排布斗拱支撑盖瓦塔檐。第二层以上的骑狮文殊像塔身突然变得低矮，自下往上逐层收小，形态稳定。塔顶置有宝珠，立于莲花座上。（关野贞）

图127 北京天宁寺砖塔。关野贞博士拍摄。

① 梁思成先生认为此塔为辽末（12世纪初）所建。1992年大修时发现辽代建塔碑，记载此塔建于辽天祚帝天庆九年至十年（1119—1120年）。——译者注

图 128 北京天宁寺砖塔局部。关野贞博士拍摄。

北京慈寿寺砖塔

　　慈寿寺砖塔位于北京阜成门外八里处，此地名叫八里庄。明朝万历四年（1576 年），神宗皇帝之母慈圣皇太后命人建造此塔，形制仿照北京天宁寺的十三层塔，为八角十三层砖塔。慈寿寺砖塔的基座拥有华丽的雕饰，第一层塔身四个正面有券门，四个侧面辟券窗，墙面刻有金刚力士像，角柱有蟠龙高浮雕，柱顶横木的各面阳刻十二坐佛。第二层往上塔身变低，每层均有紧密排布的斗拱，密檐铺瓦，塔顶立有简单的宝珠露盘。

　　此塔形态保存完好，雕饰丰富华美，堪称明朝时期同类佛塔中的代表作。（关野贞）

图 129 北京慈寿寺砖塔。原照片由关野贞博士收藏。

图 130 北京慈寿寺砖塔局部。原照片由关野贞博士收藏。

直隶正定县临济寺青塔

临济寺是位于正定东南角的一座小寺庙。据传,青塔建于唐朝咸通七年(866年)①,用来收藏临济大师的衣钵②,在金代大定二十五年（1185年）得到修葺,现存塔可能是金朝重建之作。青塔在元朝和明朝又经历过多次大规模修缮。青塔是一座八角九层塔,是北京天宁寺塔的缩小版。飞檐挂有铁制风铎,顶上立有华丽的相轮,全塔外观高雅秀美。(关野贞)

---

① 原文误标为686年。一般认为,唐朝咸通八年（867年）始建该塔。——译者注
② 青塔为当地人的叫法,一般称为澄灵塔。——译者注

图131 直隶正定县临济寺青塔。关野贞博士拍摄。

北京通县燃灯塔

　　碑文记载，燃灯塔建于唐朝贞观七年（633年）[①]，匾额写有"古刹胜教禅林"字样。现存建筑可能是明朝万历年间（1573—1619年）重建。本塔为辽金风格，八角十三层，基座平面边长十六尺七寸（5.57米）。（伊东忠太）

────────────

[①] 一般认为该塔始建于南北朝北周时期。——译者注

图132 北京通县燃灯塔。大熊博士拍摄。

北京通县燃灯塔局部

燃灯塔的细节非常丰富，有很多值得一看的地方。斗拱的外廊带有印度特色，也具有日本唐风建筑风格；基座围栏刻有万字格子，类似日本法隆寺的式样。相轮已经散佚，设计较为常见。

图 133 北京通县燃灯塔局部。大熊博士拍摄。

奉天辽阳县白塔

辽阳白塔为东北第一大塔。白塔所在寺庙为广佑寺，又称广佑寺白塔，是一座八角十三层砖塔。据传白塔建于唐朝，但一般认为现存建筑为明朝时重建，后金天聪九年（1635 年）修缮。该塔具有辽金时期的风格特色，通高二百七十尺（90 米）。（伊东忠太）

右图 >
图 134 奉天辽阳县白塔。
大熊博士拍摄。

奉天辽阳县白塔局部

　　图为白塔塔身部分。塔身八面均有中尊①和胁侍浮雕，上面搭配宝盖及飞天，这一构局多见于六朝之后。塔檐以砖砌成斗拱，塔身以下的莲花座及台基全部用砖处理过。（伊东忠太）

———————————

①中央的佛像，与胁侍相对。——译者注

奉天万寿寺砖塔 ①

　　该塔位于沈阳西北郊塔湾，是一座八角十三层砖塔。始建于辽代兴宗时期，重熙十三年（1044 年）竣工，清朝崇德五年（1640 年）重建。该塔的建筑风格属于辽金式，清朝崇德年间（1636—1643 年）重建时也有几处改动。塔刹的建筑手法非常精致，颇具特色。（伊东忠太）

---

① 即无垢净光舍利塔，现称塔湾舍利塔。——译者注

图136 奉天万寿寺砖塔。
大熊博士拍摄。

奉天万寿寺砖塔局部

该塔符合辽金时期塔的常见形制，没有特殊变化。塔身平面边长十一尺二寸（3.73米），每面都辟有佛龛，中央正南位置为宝生佛，从左往右依次为阿閦佛、慈悲佛、普济佛、大慈佛、惠华佛、平等佛、等观佛等佛像，总体看来细节部分较为简单。（伊东忠太）

图137 奉天万寿寺砖塔局部。大熊博士拍摄。

奉天铁岭县慈清寺南塔[1]

该塔俗称铁岭南塔，由来不
详。南塔是一座八角九层塔，基
座高得出奇，塔身也很高大，总
体外形略显奇特。南塔始建于辽
金时期[2]，现存建筑可能是清朝初
期所建。（伊东忠太）

图138 奉天铁岭县慈清寺南塔。大熊博
士拍摄。

————————————

① 现称秀峰寺塔。——译者注
② 该塔建于明朝弘治二年（1489年）。——
译者注

奉天铁岭县慈清寺南塔局部

　　塔身平面边长五尺七寸（1.90米），各面的建筑手法中规中矩。基座上部栏杆值得一看，支撑方木的创意以及万字格雕饰等都很有特色。斗拱的式样也不失古趣。（伊东忠太）

图139 奉天铁岭县慈清寺南塔局部。大熊博士拍摄。

图 140 奉天铁岭县慈清寺砖塔。大熊博士拍摄。

奉天铁岭县慈清寺砖塔 [①]

　　该塔位于龙首山，是一座八角九层砖塔，平面边长七尺二寸（2.40 米），为辽金塔造型，但与同类塔相比，基座明显较大。更为奇特的是，塔身各面的佛龛采用印度风格拱。据说该塔始建于唐朝，清朝崇德八年（1643 年）佛寺规模扩大，塔也得以修缮，所以现存塔可能为清朝初年重建。（伊东忠太）

[①]现称驻跸塔，2000 年对本塔进行重修的时候，人们从塔中发现一些文物，得知此塔原名"灵应寺塔"，推断此塔建筑年代不晚于明朝景泰元年（1450 年），也可能是元末或明初所建。——译者注

图141 奉天铁岭县圆通寺
砖塔。大熊博士拍摄。

奉天铁岭县圆通寺砖塔

圆通寺塔位于铁岭,是一座八角十三层砖塔,始建于唐朝大和二年(828年),最后一次大规模重建在明朝万历三十四年(1606年),现存建筑可能是明朝末年所建①。全塔的风格颇有古趣,但基座极宽,略显异样。(伊东忠太)

①圆通寺塔因塔身涂白,俗称铁岭白塔,关于其始建年代,存在不同观点。也有人认为它始建于辽金时代。——译者注

图 142 奉天开原县石塔寺砖塔。大熊博士拍摄。

奉天开原县石塔寺砖塔 [①]

该塔位于开原，是一座八角十三层砖塔。据传，其于唐朝乾元年间（758—759 年）由洪理大师创建，金代大定三年（1163 年）重建，明朝万历年间（1573—1620 年）经历过八次修缮。从建筑的整体形状来看，塔身自下往上明显缩小，由此可见年代较早，或许属于金代风格，但细节部分新旧风格杂糅。（伊东忠太）

————————

① 现称崇寿寺塔。——译者注

奉天白塔寺砖塔 [①]

　　该塔位于奉天城内，是一座八角十一层砖塔，始建年代已经无法确定，但据称可能是唐朝所建。这是一座具有辽金风格的塔，从整体造型到细节处理都非常漂亮。塔北面的瓦片上有明朝万历年间（1573—1620 年）铭文，据此看来现存塔应当为明朝时期重建。（伊东忠太）

---

① 现称白塔。1905 年毁于日俄战争，2001 年重建。——译者注

图 143 奉天白塔寺砖塔。大熊博士拍摄。

图144 直隶正定县广惠寺花
塔。关野贞博士拍摄。

直隶正定县广惠寺花塔

　　广惠寺位于正定县城内，但寺庙已经荒废，现在仅存花塔。花塔的平面形
状和整体外观都很奇特，尚未发现同类作品。花塔的第一层平面为八角形，各
角有六角形单层小塔。总体看来，此塔有三层，顶上冠以相轮状物件，相轮状
物件四周刻有天部、佛像、狮子、大象等图案，上面用斗拱支撑八角形伞形屋顶，
造型仿佛张开的松树。花塔始建年代不明，唐朝初年可能已经存在，后于金朝
大定年间（1161—1189 年）再建，明朝正统年间（1436—1449 年）重修，塔上
的佛像、天部、狮子、大象等图案可能是明朝重修时添加的。（关野贞）

直隶邢台县天宁寺（西大寺）砖塔^①

　　从本塔的风格来看，几乎可以肯定其属于元代建筑。八角形塔身托住三重屋顶，再往上还有西藏风格的精美相轮。基座平面边长七尺七寸（2.57米）。（伊东忠太）

图145 直隶邢台县天宁寺（西大寺）砖塔。大熊博士拍摄。

———————————

①砖塔（一般称虚照禅师塔）如今已不复存在。——译者注

直隶曲阳县修德寺塔

　　根据明朝嘉靖十九年（1540 年）的碑文推测，修德寺塔应为此时重建，但此塔的风格更偏向元朝样式。这是一座八角五层塔，第一层塔身造型奇特，建筑手法很特别。塔基平面边长十一尺七寸（3.90 米）。（伊东忠太）

图 146 直隶曲阳县修德寺塔。大熊博士拍摄。

图147 江苏镇江甘露寺铁塔。关野贞博士拍摄。

江苏镇江甘露寺铁塔

甘露寺位于镇江城外的北固山。这座铁塔平面八角，原有九层，但如今已经没有了上层部分，仅剩最下面的两层和基座[①]。基座中间细，上下粗，阳刻波涛、山丘、龙凤和天部等图案作为装饰，塔身的四个正面辟有入口，左右刻有菩萨像，四个侧面刻有释迦、罗汉和金刚力士等，并以出跳二支的斗拱支撑屋顶。第二层的四个正面和第一层相同，但不同之处在于，第二层的四个侧面没有任何雕刻，外面围有腰檐。此塔建造时间不明，但应该不会晚于宋朝初年。（关野贞）

[①] 甘露寺塔初建于唐朝宝历元年（825年），初建时为石塔，后倒塌。宋朝元丰元年（1078年）原址建成八面九层铁塔，明朝万历十年（1582年）被狂风刮倒仅存下面三层，又经重修改为七层。清朝光绪十二年（1886年），甘露寺塔重遭大风疾雷，仅存宋时的须弥座及最下面两层和明代两层。1960年，当地将原倒放在甘露寺内明代复制的第三、第四层塔身安装上去。——译者注

山东济宁县铁塔寺铁塔

铁塔寺位于济宁城内，寺门外
有一座九层铁塔。铁塔第一层有宋
朝崇宁乙酉年（崇宁四年，1105 年）
的碑文。此塔原为七层，明朝万历九
年（1581 年）在其上方增添了两层。
塔高约三十尺（10 米），八角形基座
形似炮弹，高约二十尺（6.67 米），
虽然平衡性欠佳，但细节部位非常精
美。（关野贞）

图 148 山东济宁县铁塔寺铁塔。关野
贞博士拍摄。

图 149 山东济宁县铁塔寺铁塔上部。关野贞博士拍摄。

图 150 山西文
水县寿宁寺砖
塔。塚本靖博
士拍摄。

山西文水县寿宁寺砖塔

　　该塔位于文水县北边的北徐村，是一座六角三层砖塔，建于宋哲宗绍圣二
年（1095 年）。建筑本身虽然矮小，但外观齐整，建造年代明确，保存良好。（塚
本靖）

浙江定海县普陀山太子塔 [①]

南海普陀山为后梁贞明二年[②]（916年）日本僧人慧锷大师所开辟的祭祀地。太子塔是普陀山最古老的建筑，为元朝时期所建。太子塔是一座四角三层石塔，下方另有两层塔台。上层塔檐四角刻有"角"字，值得关注。此塔相轮已经散佚，如果加上相轮在内，通高或许有一百尺（33.33米）左右。（伊东忠太）

右图 >
图 151 浙江定海县普陀山太子塔。大熊博士拍摄。

① 又名多宝塔。——译者注
② 另有唐朝咸通四年（863年）一说。——译者注

图 152 四川峨眉山金顶铜塔。大熊博士拍摄。

四川峨眉山金顶铜塔

　　峨眉山海拔三千米处有金顶，铜塔面朝悬崖。左侧铜塔为西藏风格，右侧铜塔造型奇特，未曾见过相似作品，二者可能制作于清朝末期。（伊东忠太）

广东广州光孝寺南汉铁塔

光孝寺内有一对南汉时期的铁塔。图中铁塔为东塔，修建于五代南汉大宝十年（967年），四角七层，第一层平面边长三尺九寸（1.30米），每层表面铸有佛像、云彩、飞天和鸟等图案，非常精致。（伊东忠太）

图153 广东广州光孝寺南汉铁塔下部。大熊博士拍摄。

北京大正觉寺（五塔寺）大正觉塔 [①]

　　大正觉寺位于北京西郊，寺内有大正觉塔，又称金刚宝座塔。明成祖时期，西域僧人班迪达进贡五尊金佛和金刚宝座规式。金刚宝座规式是中印度佛陀道场大塔的规格。成化九年（1473 年），朝廷下诏命大正觉寺按照金刚宝座规式建塔，即大正觉塔。高耸的台座上，五座塔分立中心和四角，中间一座为十三层方塔，四角的四座均为十一层方塔。这些塔全部为大理石建造，建筑手法丰满而美丽。塔第一层的四个正面及第二层以上的墙壁都有丰富的雕饰。台座上排列着许多佛龛，内部墙壁间设有曲折的台阶，可沿台阶来到台座上方。此塔于明朝时期按照异国的佛陀道场规式建造，十分值得关注。（关野贞）

右图（上）>
图 154 北京大正觉寺（五塔寺）大正觉塔。大熊博士拍摄。

右图（下）>
图 155 北京大正觉寺（五塔寺）中塔局部。关野贞博士拍摄。

①寺庙初建时名为真觉寺，清朝乾隆年间（1736—1796 年）曾大修真觉寺，更名为正觉寺。——译者注

山西太原永祚寺双塔

永祚寺位于太原府城外二里处，寺内有两座八角十三层砖塔相对而立，俗称双塔寺。这两座塔修建于明朝万历三十九年（1611年）[1]，高二十二三丈（73.33—76.67米），各层墙面用砖砌出柱顶横梁、垫木以及出两跳的斗拱结构，上面再以双层梁托支撑双层横梁屋顶，手法精巧。塔身每层尺寸相仿，递减变化很少，因此略显不稳。最上层塔刹有八角形基座，塔顶立有宝珠。（关野贞）

---

[1] 双塔并非建于同年，但都建于明朝万历年间（1573—1620年）。——译者注

左图 >
图156 山西太原永祚寺双塔。
关野贞博士拍摄。

上图 >
图157 山西太原永祚寺双塔
局部。关野贞博士拍摄。

陕西三原县木塔寺木塔 [①]

木塔寺位于三原县城东南十四里处，目前寺庙已经荒废，仅存一座六角四层木塔。除第一层的柱顶横梁以下用砖包住以外，其余所有部位全为木制，是中国现存的罕见木塔。塔柱上方不用斗拱，仅在墙角插入雕纹框边，结构非常简洁。单檐圆椽，塔檐两端明显翘起，最顶层的屋顶特别陡峭，上有简单的相轮，用铁链连接至旁吻后方。各层尺寸递减明显限制了塔檐伸出，外观稳定。塔的结构和手法非常粗陋，不值一观，但木塔本身并不多见，可能是清朝末年所建。（关野贞）

———————————

① 又名文峰木塔。——译者注

右图 >
图158 陕西三原县木塔寺木塔。
关野贞博士拍摄。

图 159 陕西三原县木塔寺木塔局部。关野贞博士拍摄。

图 160 北京妙应
寺白塔。关野贞
博士拍摄。

北京妙应寺白塔

　　妙应寺白塔位于北京城內,据说始建于辽代寿昌年间（1095—1101 年）, 分别于元朝、清朝康熙年间（1662—1722 年）、清朝乾隆年间(1736—1796 年)重修,是一座外形齐整的藏式塔,庄重典雅,相轮、宝盖以上的建筑手法尤其有特色。

图 161 北京妙应寺白塔。大熊博士拍摄。

奉天西塔（护国延寿寺砖塔）

奉天城郊外四面各有藏传佛教寺庙一座，分别为东寺、西寺、南寺和北寺，各寺均有一座藏式塔，共同护佑奉天城。图中为西塔，位于西寺，即护国延寿寺，建于清朝崇德年间（1636—1643 年）。西塔的建筑手法几乎完全属于西藏风格，这点需要注意。（伊东忠太）

图 162 奉天西塔（护国延寿寺砖塔）。大熊博士拍摄。

奉天南塔（护国广慈寺砖塔）

  南塔位于护国广慈寺（又称南寺）内，除塔与正殿的相对方位略有不同外，南塔的结构、样式和细节手法与上文介绍的奉天西塔几乎完全相同。（伊东忠太）

奉天东塔（护国永光寺砖塔）

　　东塔位于东寺，即护国永
光寺中，与西塔和南塔造型相
同。（伊东忠太）

图 164 奉天东塔（护国永光寺砖塔）。
大熊博士拍摄。

图 165 奉天北塔
（护国法轮寺砖
塔）。大熊博士
拍摄。

奉天北塔（护国法轮寺砖塔）

　　北塔位于北寺，即护国法轮寺中，与上文西塔形制相同。以上四座塔，破损和保存的部分各不相同，假如将四座塔保存的部分综合起来，应当可以得到塔的完整形状。然而，四座塔的塔身轮廓并非完全一致，南塔和其他三座塔有所不同，原因不详。（伊东忠太）

北京西郊三河桥白塔

白塔位于北京西直门外，可能是元朝末年至明朝初年之前的建筑，或许是中国最古老的藏式塔。该塔基座和塔身之间的台阶平面及其角落处刻有"角"字，这一点非常有趣。白塔高约八十尺（26.67 米），基座平面边长五十二尺二寸（17.40 米）。（伊东忠太）

图 166 北京西郊三河桥白塔。大熊博士拍摄。

山西太原净明寺舍利塔

净明寺位于太原县北二里处，这座舍利塔始建于隋朝，之后几经兴废，现存塔为明朝洪武十八年（1385年）重建。这是一座普通的喇嘛式砖塔，高约七十尺（23.33 米）。清朝康熙年间（1662—1722 年），塔遭地震破坏，康熙三十八年（1699年）修理完成。（关野贞）

图 167 山西太原净明寺舍利塔。关野贞博士拍摄。

山西五台山塔院寺大白塔

　　大白塔为五台山各塔中最大的建筑，又名塔院寺舍利塔，高二十一丈（70米）。该塔始建于明朝万历七年（1579年），万历十年（1582年）竣工，总体造型与北京白塔相同，但比后者要丰满得多。（伊东忠太）

图 168 山西五台山塔院寺大白塔。大熊博士拍摄。

图 169 山西五台山中台极乐
寺石塔。大熊博士拍摄。

山西五台山中台极乐寺石塔

　　此塔可能建于清朝中期以后，是一座藏式佛塔，其特殊之处在于相轮过于庞大以及塔身底部过分缩小。塔身下面的四角处立有小狮子，这也非常少见。（伊东忠太）

山西五台山中台绝顶石塔

　　该塔位于海拔三千多米的山顶上，是一座藏式塔。该塔相轮较大，略具中国多层塔的特征，塔身改为圆筒状，可能是元朝末年至明朝初年的建筑。(伊东忠太)

图 170　山西五台山中台绝顶石塔。大熊博士拍摄。

图 171 山西五台山中台绝顶石塔局部。大熊博士拍摄。

山西五台山中台绝顶石塔局部

　　该塔塔身正面的入口使用印度传来的火焰形拱，入口左右两侧刻有天王力士像，拱左右刻云龙，上面有金翅鸟捕捉龙女的图案。艺术手法简洁扼要，值得一观。（伊东忠太）

北京西黄寺班禅喇嘛清净化域塔

　　班禅喇嘛塔位于北京城北的西黄寺，清朝乾隆四十五年（1780 年）为纪念圆寂的第六世班禅额尔德尼所建[1]。塔身全部

① 此处原文作"乾隆四十四年为纪念圆寂的第三世班禅"，有误。——译者注

图 172 北京西黄寺班禅喇嘛清净化域塔。关野贞博士拍摄。

图 173 北京西黄寺班禅喇嘛清净化域塔局部。关野贞博士拍摄。

为汉白玉，风格独特，世所罕见。基座四面往外伸出，中央耸立着庞大的喇嘛
塔，四角配以细长的八角五层塔。中央塔各面有佛传、佛像、花草、凤凰等雕饰，
富丽堂皇。（关野贞）

山西大同县上华严寺佛殿

该寺始建于辽代清宁八年（1062 年），曾安放有历代皇帝的铜像或石像，是一座有名的寺庙，但这些铜像或石像现已不复存在。该寺在明朝成化年间（1465—1487 年）、万历年间（1573—1620 年）、崇祯年间（1628—1644 年）以及清朝康熙十二年（1673 年）历经数次重修，但仍然保存了当初的式样，为中国现存最古老的木构建筑之一。佛殿面阔九间，进深四间，单层，歇山顶式，使用一种出两跳的斗拱，尖端部位呈奇特的凹边形。屋檐为平行椽，角落为扇形椽。内部结构面宽七间，进深三间，平棋天井，四周环绕一间宽的回廊，露出屋檐内部，地面铺方砖，四面墙壁绘有佛画。虽然是近年的作品，但建筑内外施以彩绘，规模壮观，同时外观也颇为庄严宏大。（塚本靖、关野贞）

第二节 佛殿

图 174 山西大同县上华严寺佛殿。塚本靖博士拍摄。

图 175 山西大同县上华严寺佛殿局部。塚本靖博士拍摄。

图 176 山西大同县上华严寺佛殿内部。关野贞博士拍摄。

山西大同县下华严寺薄伽教藏殿

下华严寺又称下寺，位于上华严寺东南边低处。薄伽教藏殿为下华严寺的正殿，关于其建立时间，诸说不一，《大同府志》中辽代重熙七年（1038年）的说法似乎较为妥当。在我们的调查范围内，这是中国现存最古老的木构建筑。佛殿面宽五间，进深四间，单层歇山顶，斗拱出两跳，屋檐使用双层椽，斗拱手法颇为自由，且古意盎然。内阵和外阵都采用平棋天井，中央有释迦，左右安置药师、弥陀像，前方排列佛像和菩萨像。（关野贞）

右图（上）>
图177 山西大同县下华严寺薄伽教藏殿。关野贞博士拍摄。

右图（下）>
图178 山西大同县下华严寺薄伽教藏殿局部。关野贞博士拍摄。

图 179 山西大同县下华严寺海会殿。大熊博士拍摄。

山西大同县下华严寺海会殿

　　海会殿完工于辽金时期，是一座少有的古建筑。建筑风格简洁明快，毫无烦琐感，和日本平安时代的审美趣味有共通之处。鸱吻制式处于唐朝风格向明朝以后风格转型的中间阶段，斗拱、虾蟆股[①]、拱曲的屋梁等均和日本式样相似。（伊东忠太）

────────────

① 堂塔建筑，其博风或楣与台轮之间，上部开为左右之作云形曲线者，谓之虾蟆股。以其似虾蟆之开后股，故有此名。——译者注

河南登封县嵩山少林寺初祖庵

　　少林寺是一座闻名遐迩的古寺，位于嵩山诸峰之一的少室山。少林寺西北二里处，有一座名为初祖庵的庵院，相传曾是中国禅宗始祖达摩大师的居所。庵院的前殿于宋朝宣和七年（1125 年）重建，正面和侧面均面宽三间，立于石座上，前檐的四根石柱均为八角形，侧柱刻有宝相花，中间有佛像、飞天，或者牡丹、唐草纹，间有迦陵频伽[①]、凤凰、伎乐等浮雕。殿内四根石柱分别刻有四天王像、龙凤、飞云等图案，气势恢宏。东南柱上有宣和七年的铭文。斗拱出两跳，紧密排布，与日本圆觉寺舍利殿的斗拱相似。屋檐采用双层椽，角落处为扇形椽。除正面中柱间之外，四面墙均为砖砌，内外束腰为石筑，上有浮

---

① 又名妙音鸟，佛国世界里的一种神鸟。——译者注

图 180 河南登封县嵩山少林寺初祖庵。关野贞博士拍摄。

图 181 河南登封县嵩山少林寺初祖庵内部。关野贞博士拍摄。

图 182 河南登封县嵩山少林寺初祖庵石柱拓本。原拓本藏于东京帝国大学工学部。

雕波涛、比丘、龙、麒麟、牛等，技法精湛。内部地面铺砖，内阵为平棋天井，中央有中国传统样式的须弥座。屋顶为歇山式，大梁两端翘起鸱吻，中央有放置宝珠的痕迹。总之，作为保存至今的宋代作品，此建筑不仅建造年代记录准确，形制和手法也值得一观。正因为如此，如今屋梁破败，近于危房，委实可叹[1]。（关野贞）

---

[1]1983—1986 年，初祖庵全面整修，建围墙二百余米，恢复了完整的院落。——译者注

河南登封县嵩山少林寺鼓楼

鼓楼是一座造型优美的木构四层建筑，可能修建于元朝大德年间（1297—1307年），应为中国最古老的木构建筑之一。这座鼓楼附近有蔡京于宋徽宗宣和四年（1122年）撰写的"面壁之塔"刻石，由此可见，此处曾被视作达摩大师面壁之处。（塚本靖）

图 183 河南登封县嵩山少林寺鼓楼。塚本靖博士拍摄。

图184 河南登封县嵩山少林寺鼓楼石柱。塚本靖博士拍摄。

河南登封县嵩山少林寺鼓楼石柱

从汉白玉八角柱上的铭文可知，此石柱建于元朝大德六年（1302年），两面有儿童手举牡丹、唐草，以及云龙浮雕。（塚本靖）

直隶正定县龙兴寺（大佛寺）大殿

龙兴寺[①]位于正定县城东部，是一座大型寺庙，又称大佛寺。寺庙始建于隋朝开皇六年（586年），宋太祖开宝四年（971年）铸造四十二臂千手千眼观音菩萨大铜像，扩建寺庙，并兴建大殿，前方造配阁，左右设耳阁，气势磅礴。明朝和清朝时，龙兴寺又得以修葺，如今看来，几乎如同新建一般。大殿又称大佛殿或佛香阁[②]，面宽七间，进深五间，前有一间配阁，即礼殿。内阵面宽五间，进深四间，东、西、北三面墙壁上有文殊、普贤及其弟子和很多小佛的浮雕，中央有石砌佛坛，其上为铜莲座，供奉高约四十五尺（15米）的观音铜立像。

大殿是一座三层的大型建筑，第二层及第三层附有单坡屋顶，遗憾的是屋顶和第三层已经毁坏，仅余东南角，佛像因此遭受风吹日晒。大殿的斗拱结构，第一层出三跳，第二层出两跳，第三层再出三跳，均为紧密排布。第二层的单坡屋顶使用三升斗，第三层单坡屋顶不用斗拱，二者均围有栏杆。这座佛殿应当成形于清朝初年的修缮工作，但内部仍然保留了往昔的柱子和斗拱，从内阵东壁的塑像及佛坛部分仍然可以窥见宋代制式的遗风。（关野贞）

---

① 一般称隆兴寺，唐朝时曾改名龙兴寺。——译者注
② 现一般称为大悲阁。——译者注

图185 直隶正定县龙兴寺（大佛寺）大殿。关野贞博士拍摄。

图 186 直隶正定县龙兴寺（大佛寺）大殿东壁塑像。关野贞博士拍摄。

图 187 直隶正定县龙兴寺（大佛寺）大殿观音像宝坛。关野贞博士拍摄。

直隶正定县龙兴寺集庆阁

　　龙兴寺的正殿是大佛殿，大佛殿西侧为集庆阁，东侧为御书楼，两座建筑与大悲阁相连。集庆阁有两层，因第二层附有单坡屋顶，外观形似三层建筑。第二层屋顶为歇山顶。御书楼的形制与集庆阁完全相同。这两座建筑物与宏伟的大殿左右相连，展现出无比恢宏的气势，但现在这两座建筑和大殿都已破败不堪，几近危房[①]。（关野贞）

----

① 大佛殿于民国初年坍塌，1944 年重修时拆掉了两侧的集庆阁和御书楼，20 世纪 90 年代中期又重修恢复原貌。——译者注

图 188 直隶正定县龙兴寺集庆阁。关野贞博士拍摄。

图 189 直隶正定县龙兴寺摩尼殿。关野贞博士拍摄。

图 190 直隶正定县龙兴寺摩尼殿斗拱。关野贞博士拍摄。

直隶正定县龙兴寺摩尼殿

摩尼殿是一座大型建筑，面阔七间，进深七间，重檐，正面有一座面阔三间的礼堂，形似玄关，两侧面及背面都设有入口，內阵为平棋天井，佛坛上的三尊佛像上方悬挂着精巧的八卦形天井。摩尼殿的斗拱及其他设计颇为宏伟，可能是明朝以前的建筑。（关野贞）

图 191　直隶正定县龙兴寺慈氏阁。关野贞博士拍摄。

直隶正定县龙兴寺慈氏阁

大殿前方的东、西两侧分别为慈氏阁和转轮藏阁，二者相向而立，外观及结构相同。慈氏阁立于砖砌基座上，面阔三间，单檐歇山顶。第一层正面有面阔一间的屋檐，第二层带单坡屋顶，外观宏伟，较之同类建筑略有变化。第一层采用出两跳的斗拱，第二层为出三跳的斗拱，结构颇为宏伟。同时，单坡屋顶的斗拱形态简单，四面围以栏杆。第二层屋顶为歇山顶。大殿内部八尺（2.67 米）高的台座上置有高约二十四尺（8 米）的弥勒大像。（关野贞）

直隶正定县龙兴寺转轮藏阁

转轮藏阁与上文介绍的慈氏阁东西相对。转轮藏阁的中央有一个可以转动的收藏经书之处，这在当今中国实属罕见。转轮藏阁为重檐结构，第一层为八角形，第二层为圆形，屋顶用一根中轴柱支撑，下部入地，藏经处在一个圆形槽内旋转。细致的斗拱和精巧的雕饰让建筑富丽堂皇。这座建筑设计宏伟，内部的转轮藏可能是清朝初年所建。（关野贞）

图 192 直隶正定县龙兴寺转轮藏阁。关野贞博士拍摄。

图 193 河南洛阳白马寺毗卢阁。塚本靖博士拍摄。

河南洛阳白马寺毗卢阁

毗卢阁为白马寺正殿①，面阔五间，进深四间，重檐歇山顶，上下两层均使用扇形椽、三升斗、出两跳的斗拱，有飞椽，正面辟一门二窗，建筑立于高台之上，形态优美，保存完整。（塚本靖）

———————

① 白马寺由南向北分布五重大殿，分别是天王殿、大佛殿、大雄殿、接引殿和毗卢阁。毗卢阁位于白马寺最北端，恐怕不是正殿。——译者注

图 194 河南开封大相国寺罗汉殿。塚本靖博士拍摄。

河南开封大相国寺罗汉殿

　　罗汉殿以八角单层的白衣堂为中心，四角环绕
八角形回廊，四面设有出入口。回廊有截断墙，排
列五百罗汉塑像。该建筑的结构和造型非常少见。
一般认为罗汉殿建于清朝乾隆年间（1736—1796 年）。
（塚本靖）

河南开封大相国寺大殿

　　大殿是一座大型建筑，面阔七间，进深六间，重檐歇山顶。大殿前方有月台，斗拱出两跳，飞椽伸出，如同象鼻一样卷起，使用奇特的雕纹肘状承衡木。屋顶采用双层椽，下层椽截面为圆形。飞檐为方形，末端有封檐板，类似流传日本的天竺式样。封檐板有很多雕纹装饰，应该是受到了华南地区建筑风格的影响。屋顶为歇山式，中央部位盖黄色琉璃瓦，四周覆盖碧绿色琉璃瓦。这座大殿很可能是清朝乾隆年间（1736—1796 年）重修寺庙时建造的。（关野贞）

图 195 河南开封大相国寺大殿局部。关野贞博士拍摄。

山东济宁县普照寺佛殿

佛殿立于石座上，平面边长五间，重檐歇山式屋顶。第一层四面有开放式单面坡顶。第一层上部单面坡顶上方有大窗，光线可以照入内部，四周环绕造型奇特的栏杆。屋脊的雕饰尤其引人注目。佛殿具体建造年代不详，可能建于明朝时期。（关野贞）

图 196 山东济宁县普照寺佛殿。关野贞博士拍摄。

图 197 陕西西安大兴善寺大雄殿。关野贞博士拍摄。

陕西西安大兴善寺大雄殿

大兴善寺位于西安府南门外六里处，历史悠久，但如今非常破败①。大雄殿为清朝初年重建，并没有特别值得关注的元素。大梁中央的宝阁上方及左右置有背负宝瓶的狮子，这一造型比较有趣。（关野贞）

① 该寺于 1955 年和 1984 年进行过两次大修，目前已焕然一新。——译者注

陕西西安开福寺佛殿

　　开福寺位于西安府城内，是一座小寺，佛殿为明朝时重建。斗拱出两跳，飞椽，麻叶头的外形，柱顶横梁的凹形都带着古风。屋顶为单层，使用圆椽，四角为扇形椽。（关野贞）

图 198 陕西西安开福寺佛殿斗拱。关野贞博士拍摄。

图 199 河南彰德天宁寺大雄殿的博风板装饰。关野贞博士拍摄。

河南彰德天宁寺大雄殿

　　天宁寺俗称大寺，位于彰德（今河南安阳）城内，是一座大型寺庙，其始建时间可上溯到隋朝仁寿年间（601—604 年）。现存大雄殿从样式上看应当属于明朝建筑。根据寺内嘉靖三十六年（1557 年）重修碑，推测大雄殿应当是在那时重建的。博风板位置装饰悬鱼，惹人注目。（关野贞）

山西阳曲县永祚寺

上文介绍过，永祚寺始建于明朝万历三十九年（1611 年）^①，该寺的大雄殿及环绕前庭的庑廊、前门的第一道走廊也修建于同一时期，完全不使用木材，全部以砖砌就，这种做法非常少见。大雄殿为二层砖结构建筑，墙面砌出柱形，第一层正面阔五间，第二层正面阔三间，都使用出两跳紧密排布的斗拱，支撑双层椽木屋檐。屋顶为歇山顶，覆盖瓦片，侧面博风板为砖砌，墙壁上刻有悬鱼。从内部来看，第一层以筒形穹顶为天井，第二层中央部位用砖制斗拱巧妙地做成穹顶式天井，左右房间使用筒形穹顶。庑廊墙面砌出柱形，柱间开半圆形拱，斗拱和屋檐为砖结构。在当时能够不使用一根木头，全用砖砌成如此精巧美丽的建筑，实在令人称叹。（关野贞）

---

① 应为明朝万历三十六年（1608 年）。——译者注

图 200 山西阳曲县永祚寺大雄殿侧面。关野贞博士拍摄。

图 201 山西阳曲县永祚寺东庑。关野贞博士拍摄。

图 202 山西阳曲县永祚寺大雄殿及东庑。关野贞博士拍摄。

图 203 山西阳曲县永祚寺大雄殿楼上内部天井。关野贞博士拍摄。

江苏镇江金山寺藏经楼及七层楼

　　金山寺位于镇江城西北处的山丘上，远近闻名。藏经楼在大雄宝殿后方，地势高出不少。藏经楼有两层，第一层四周环绕一间宽的回廊，第二层辟有窗户。屋顶为歇山顶，屋檐明显翘起，四角下梁末端的弯曲角度很大，明显具有华南地区建筑的特色。

　　藏经楼西北位置最高处立有一座八角七层塔。塔的第一层四周环绕开放式外廊，各层塔檐明显翘起，形成轻松活泼的轮廓。这座塔和藏经楼都是近代重建的，但它们是同类建筑中保存最完好的标本。（关野贞）

图 204 江苏镇江金山寺藏经楼及七层塔。关野贞博士拍摄。

图 205 江苏镇江金山寺藏经楼屋顶。关野贞博士拍摄。

图 206 浙江宁波太白山天童寺天王殿。关野贞博士拍摄。

浙江宁波太白山天童寺

　　天童寺是一座著名寺庙，位于太白山中，始建于西晋永康年间（300—301 年），南宋时期作为禅宗五大名山之一，盛极一时。现存建筑虽为近代重建，但其规模之大、庙宇之完备，堪称当今中国一流的禅寺。

图 207 浙江宁波太白山天童寺七塔。关野贞博士拍摄。

寺庙前方有两方宽阔的池塘，池塘间排列着七座佛塔。佛塔始建于宋朝绍兴四年（1134 年），但现存建筑可能是明朝崇祯十年（1637 年）重建。中间的塔有七层，其余六座塔为喇嘛塔，塔身涂着红白两色。

天王殿是一座面阔七间、进深六间、歇山顶式的大型建筑，位于天童寺的正面。天王殿内部的屋顶为彻上明造，其梁柱架构、屋檐建造手法、脊瓜柱的形制等，都让人想起日本镰仓时代[①]初期建造的具有宋朝风格的东大寺南大门，非常引人注目。

① 镰仓时代为 1185—1333 年。——译者注

天王殿后方更高处有一座佛殿，佛殿面阔七间，进深六间，重檐歇山顶，是一座气势恢宏的大型建筑。佛殿下层正面有开放式外廊，火焰形的窗户延伸开来，正面中间有门，左右两间辟圆窗，不用斗拱，而使用类似华拱造型的雕纹墙装托架支撑圆梁，这些做法非常少见。屋檐处的圆椽末端使用封檐板，角檐以扇形椽支撑。內部地面铺砖，屋顶采用敞亮的彻上明造，木材全部涂红，外部施以彩绘。这些都属于华南地区建筑的特色，与流传于日本的天竺风格有一定关联。另外，上层的四面柱子间全部嵌上格子窗户，这一设计在华北地区的建筑中未曾发现。

图 208 浙江宁波太白山天童寺佛殿。关野贞博士拍摄。

图 209 浙江宁波太白山天童寺法堂。关野贞博士拍摄。

　　法堂位于佛殿后方更高处，同样是一座大型建筑，面阔九间，进深六间。正面开放为外廊，外廊面阔一间，使用双层月梁，屋顶不设天棚，按照古代的做法，不使用顶部弯曲橼。歇山式盖瓦屋顶竟然不用大梁，这点令人称奇。内部地面铺设木板，较为少见。内部不设天井。

　　进入天王殿的院内，客堂东面立有钟楼，三层建筑，歇山顶式盖瓦屋顶。（关野贞）

图 210 浙江
宁波太白山
天童寺法堂
局部。关野
贞博士拍摄。

图 211 浙江宁波太白山天童寺钟楼。关野贞博士拍摄。

浙江宁波鄮山阿育王寺

阿育王寺为宋朝禅宗五山之一，据称始建于西晋太康年间（280—289年），保存了阿育王修建的八万四千座宝塔之一，是千古闻名的寺庙，现存建筑物均为清朝时重建。

进入寺内，南边先有一池，后面是天王殿，天王殿东侧矗立着钟楼，这些建筑共同装饰了整座寺庙的外观。天王殿作为寺庙的第一间大殿，面阔七间，两层结构，屋顶覆以瓦片，装饰大梁。

大雄殿立于天王殿后方，是一座面阔七间的两层殿宇。亚字形棂花的方窗、歇山式屋顶正脊的双龙戏珠雕饰，尤其惹人注目。（关野贞）

图 212 浙江宁波鄮山阿育王寺大雄殿。关野贞博士拍摄。

图 213 浙江宁波鄮山阿育王寺天王殿。关野贞博士拍摄。

浙江杭州灵隐寺山门

灵隐寺始建于东晋咸和元年（326 年），清朝顺治年间（1644—1661 年）重建，故现存山门应为顺治年间的建筑。山门虽然采用牌楼形式，但颇为雄伟，细节处理适当，不流于烦琐。（伊东忠太）

图 214 浙江杭州灵隐寺山门。大熊博士拍摄。

浙江杭州灵隐寺大殿

　　大殿（大雄殿）是一座大型建筑，面阔五间，进深五间，三层歇山顶。类似的建筑极少有三层结构，因此它堪称孤例。此殿为近年重建，从式样上来看并无特别值得强调之处，但其精致的门扉、大梁上富丽堂皇的装饰，无不体现出近代华南地区建筑独有的风格。（关野贞）

右图 >
图215 浙江杭州灵隐寺大殿。
关野贞博士拍摄。

浙江杭州径山万寿寺大雄宝殿

径山万寿寺为宋朝禅宗五山第一，是一座千古闻名的大禅寺，但在太平天国运动时期遇火，后来重建的寺庙没有保留古代的制式，略显破败。天王殿相当于寺庙的正门，从这里进入后，穿过韦驮宝殿，便来到大雄宝殿。大雄宝殿后方高处便是妙喜庵。

韦驮宝殿面阔五间，进深六间，单层两面坡顶。正面有开放的前廊，宽一间。弯曲椽和奇特的雕纹凹形尤其值得一看。殿内置有韦驮像。

大雄宝殿面阔五间，进深六间，单层两面坡顶，正面有前廊，宽一间。大雄宝殿的建筑手法非常特别。屋檐不使用斗拱，而使用雕刻瑞兽的墙装托架，支撑圆形横梁。屋顶使用弯曲椽，不设天井，用形状奇特的月梁和脊瓜柱支撑横梁。底部椽上附有封檐板，但飞檐上却没有封檐板。殿内地面使用三合土，上方屋顶没有装饰。

妙喜庵是一座僧庵，位于寺内后方较高处。山墙结构巧妙，参差不齐，外观富于变化，令观者兴味盎然。（关野贞）

图 216 浙江杭州径山万寿寺韦驮宝殿前廊局部。关野贞博士拍摄。

图 217 浙江杭州径山万寿寺大雄宝殿。关野贞博士拍摄。

图 218 浙江杭州径山万寿寺大雄宝殿前廊局部。关野贞博士拍摄。

图 219 浙江杭州径山万寿寺妙喜庵。关野贞博士拍摄。

图 220 浙江杭州海潮寺山门。大熊博士拍摄。

浙江杭州海潮寺山门

　　海潮寺山门和灵隐寺山门有异曲同工之妙，但规模较后者要小很多，地位也无法与之相提并论。海潮寺山门可能与海潮寺天王殿建于同一时期。（伊东忠太）

图 221 浙江杭州海潮寺天王殿。大熊博士拍摄。

浙江宁波延庆寺

延庆寺位于宁波城内南端，始建于五代后周广顺三年（953年），是一座历史悠久的寺庙。进入寺庙正门，便是天王殿。天王殿面宽五间，进深四间，重檐歇山顶，两侧建有形似台阶的砖墙，很是有趣。内部中央位置有弥勒像，后面有韦驮像，左右列有四大天王像。

大雄宝殿位于天王殿后方约百尺（33.33米）处，面阔七间，进深五间，重檐歇山顶，上下两层屋檐都不使用斗拱，有封檐板。内部不设天井，架构方式非常简单。殿内有清朝咸丰三年（1853年）的匾额，此建筑可能重建于这一时期。（关野贞）

图 222 浙江宁波延庆寺大雄宝殿。关野贞博士拍摄。

图 223 浙江宁波延庆寺天王殿。关野贞博士拍摄。

图 224 江苏南京鸡鸣寺侧面。关野贞博士拍摄。

江苏南京鸡鸣寺侧面

鸡鸣寺位于南京城内，据传位于梁武帝创建的同泰寺的旧址，但现存寺庙应为近代重建，风格和手法乏善可陈。不过寺庙侧面的砖墙极富创意，非常有趣。

图 225 江苏苏州开元寺无梁殿。大熊博士拍摄。

江苏苏州开元寺无梁殿

无梁殿位于苏州城内，建于明朝万历三十一年（1603 年）①，全部使用砖砌，完全不使用木材。天井为穹顶造型。本殿原为藏经处，上层墙壁间收藏着后秦三藏法师鸠摩罗什翻译的《佛说梵纲经》以及《大方广佛华严经》。（伊东忠太）

---

① 一说建于明朝万历四十六年（1618 年）。——译者注

江苏扬州天宁寺大殿前五具足

扬州天宁寺始建于唐朝武则天时期（690—704 年），相传曾为东晋谢安的庄园①。现存寺庙具体建造年代不明，可能建于清朝初期。图 226 中是殿前的大型石制五具足，中央为香炉，左右置烛台，两端置花瓶。（伊东忠太）

① 寺址原为东晋太傅谢安的别墅，东晋义熙十四年（418 年），有僧请司空谢琰建"兴严寺"。唐武周证圣元年（695 年）建"证圣寺"。宋朝政和年间（1111—1117 年），赐名"天宁禅寺"。——译者注

图 226 江苏扬州天宁寺大殿前五具足。大熊博士拍摄。

图 227 上海龙华寺。大熊博士拍摄。

上海龙华寺

　　龙华寺为新近[1]建筑，因而并没有庄重和优雅的感觉，但非常适合用来了解近代佛寺的状态。寺内有一座塔，同样很有意义。（伊东忠太）

---

[1] 伊东忠太当时所见寺庙应为光绪年间（1875—1908 年）重建。——译者注

图 228 浙江宁波天宁寺钟楼及大雄宝殿。关野贞博士拍摄。

浙江宁波天宁寺钟楼及大雄宝殿

　　天宁寺位于宁波城内，据称始建于唐朝大中五年（851 年）。天宁寺的正门处为天王殿，穿过天王殿，东侧有钟楼，正面有大雄宝殿，左右置有僧房。这些建筑均为清朝康熙五十八年（1719 年）重建。

　　钟楼为双层建筑，各层均有单坡屋顶，外观形似四层结构。上层屋盖为歇山式，各层屋檐明显上翘，轮廓奇特而灵动。

　　大雄宝殿面阔五间，进深五间，重檐歇山顶。斗拱出两三跳，屋顶为双层椽，有封檐板，內部天井为彻上明造。（关野贞）

图 229 浙江宁波奉化县岳林寺。大熊博士拍摄。

浙江宁波奉化县岳林寺

  岳林寺位于奉化县城北郊，规模庞大。该寺始
建于南朝梁大同年间（535—545 年）①，于康熙十二
年（1673 年）重修。寺门前列有七座惜字炉，后方
可以望见山门及天王殿。庙内大殿左侧有一座小型
的四角五层塔。（伊东忠太）

————————

① 一说始建于南朝梁大同二年（536 年）。——译者注

图 230 浙江宁波奉化县四明雪窦寺。大熊博士拍摄。

浙江宁波奉化县四明雪窦寺

　　雪窦寺位于奉化县西北方向三十五里处，地处四明山脉。该寺庙始建于晋代，现存建筑建造年代不明，可能不早于清朝初期。亭亭玉立的银杏树后是天王殿。建筑本身平淡无奇，但也没有任何恶俗趣味。（伊东忠太）

浙江宁波观堂

　　观堂[①]位于宁波市内，虽然在历史上比较有名，但现存建筑可能是清朝末年所建，所以并没有很多值得一观的地方。大梁的装饰丰富而烦琐，中央的三楹牌楼设计在华南地区并不少见，但也值得一提。（伊东忠太）

———————————

①现一般称为观宗寺。——译者注

图 231 浙江宁波观堂。大熊博士拍摄。

图 232 浙江天台山国清寺弥勒殿。关野贞博士拍摄。

浙江天台山国清寺

国清寺位于天台山麓，是一座大型寺庙，始建于隋朝开皇十八年（598 年），现存建筑为清朝雍正年间（1722—1735 年）重建。走过寺前的丰干桥，便是国清寺的正门，其后是弥勒殿（也是第二道门），再之后经过雨花殿就来到大雄宝殿。金刚殿院内，东有钟楼，西有鼓楼，两者相互呼应，大大小小的僧房在左右两侧相连排布。

金刚殿面阔五间，进深三间，四壁砖砌，正面辟有火焰形拱门，左右凿圆窗。斗拱为三升斗，紧密排布。殿内供奉布袋佛像和韦驮像，左右两侧墙壁上立有金刚力士像。

图 233 浙江天台山国清寺钟楼。关野贞博士拍摄。

　　钟楼为双层建筑。第一层以砖墙包住柱子，开
拱门；第二层为木结构，四面有火焰形窗，形态奇
特，亦不失活泼。

　　大雄宝殿立于石基上，前方有月台，为重檐歇山顶式佛殿。第一层面阔七间，进深五间；第二层面阔五间，进深四间。第一层的左侧、右侧及后方墙壁为砖砌。第一层斗拱出一跳，第二层斗拱出两跳，紧密排布，屋檐由双层椽构成，檐角使用扇形椽。內阵的天井最高，中阵其次，均为平棋天井。除斗拱等涂有简单的彩色之外，其余均涂红褐色。总之，此建筑与华南地区常见的建筑并不相似，融合了很多华北地区建筑的要素。（关野贞）

图 234　浙江天台山国清寺大雄宝殿。关野贞博士拍摄。

浙江天台山高明寺

高明寺掩映在天台山古老的苍松翠柏之中，进入山门后，便是大雄宝殿，其前方立有钟阁。大雄宝殿的后方更高处为方丈堂。

方丈堂有两层，两面坡顶，左右两端为马头墙，正面有开放式前廊，斗拱和月梁的手法最为奇特，充斥着常见的雕纹和透雕。（关野贞）

图 235 浙江天台山高明寺。关野贞博士拍摄。

图 236 浙江天台山高明寺方丈堂。关野贞博士拍摄。

图 237 浙江天台山高明寺方丈堂局部。关野贞博士拍摄。

浙江天台山方广寺大雄宝殿

天台山中有一处著名的景点，名为"石梁飞瀑"。该景点上游数百米处，立有方广寺。寺内大雄宝殿共两层，面阔五间，进深五间，正面为开放的前廊。屋顶内部的弯曲椽、斗拱、月梁和墙装托架等，均施以富丽堂皇的雕饰。（关野贞）

图 238 浙江天台山方广寺大雄宝殿局部。关野贞博士拍摄。

浙江天台山真觉寺大殿

真觉寺位于天台山，是一座小型寺庙，大殿（祖殿）内设有天台智者大师的真身宝塔。大殿面阔五间，进深四间，单层歇山顶。斗拱出两三跳，屋顶为双层椽，盖有封檐板，建造手法颇为奇特。屋顶内部为彻上明造，施以富丽堂皇的雕纹。屋顶的装饰尤其值得关注，大梁、下梁及四角的下梁处，除了鸱吻，还有仙人、蟠龙、狮子和唐草的透雕，极为华美，却陷于芜杂。此建筑为清朝嘉庆年间（1796—1820 年）、道光年间（1821—1850 年）重建。（关野贞）

图 239 浙江天台山真觉寺大殿。关野贞博士拍摄。

图 240 浙江天台山真觉寺大殿局部。关野贞博士拍摄。

图 241 浙江天台山华顶善兴寺大雄宝殿。关野贞博士拍摄。

浙江天台山华顶善兴寺大雄宝殿

华顶为天台山主峰，其下有善兴寺①。善兴寺始建于后晋天福元年（936年），正面为罗汉楼，寺内有水池，上有石桥。水池上方即为大雄宝殿的月台。大雄宝殿面阔五间，进深五间，重檐歇山顶，左右两端为砖砌，墙壁为马头墙。

大殿第一层前方辟有一间宽的外廊，使用弯曲椽和出两三跳的斗拱，连接侧柱的月梁和墙装托架都有丰富的雕刻，极其华美。（关野贞）

---

① 初名"华顶圆觉道场"，民国以后改为"华顶讲寺"。——译者注

图 242 浙江天台山华顶善兴寺大雄宝殿局部。关野贞博士拍摄。

浙江天台山万年寺

天台山万年寺是一座古寺，现存建筑为清朝乾隆四十八年（1783年）重建。进入大门后约七十米，便来到天王殿。天王殿面阔五间，进深三间，单层两面坡顶，四周环绕砖墙。

天王殿后面是大雄殿，重檐歇山顶，面阔五间，进深六间，屋顶不设天棚，地面为三合土，结构简单，不使用斗拱，单层椽，末端盖有封檐板。

大雄殿后方是法堂，法堂后方是方丈堂。方丈堂面阔五间，进深四间，共有两层，有前廊。上下两层均有窗户，窗格图案非常复杂。屋脊中央及两端支撑云龙和正吻，上面有华丽的雕饰。（关野贞）

图243 浙江天台山万年寺全景。关野贞博士拍摄。

图 244 浙江天台山万年寺大雄殿。关野贞博士拍摄。

图 245 浙江天台山万年寺方丈堂。关野贞博士拍摄。

图 246 广东肇庆高要县梅庵六祖殿局部。大熊博士拍摄。

广东肇庆高要县梅庵六祖殿

梅庵六祖殿始建于宋朝至道二年（996 年），是大鉴禅师主持的寺庙。自殿堂建立至今，经历过若干次修葺，仍然保留了宋朝的建筑手法。其斗拱和日本镰仓圆觉寺舍利殿的斗拱非常相似。（伊东忠太）

湖南沅陵县龙兴寺大雄殿局部

龙兴寺大雄殿始建于唐朝贞观二年（628 年），现存建筑可能为宋朝时期所建。斗拱与日本镰仓时代流行的"中国风"完全一样，月梁上的虾蟆股和镰仓时代奈良地区用于装饰的所谓"天竺风"属于同一类型。（伊东忠太）

图 247 湖南沅陵县龙兴寺大雄殿局部。大熊博士拍摄。

云南昆明圆通寺圆通宝殿

据碑铭显示，圆通寺始建于元朝延祐七年（1320年）[1]，此后经历重建、扩建，现存建筑的建造时间并不确定。圆通宝殿的建筑手法与北京故宫的宫殿有类似之处，据此看来，将其视为明末清初的建筑较为妥当。（伊东忠太）

右图 >
图 248 云南昆明圆通寺圆通宝殿。大熊博士拍摄。

①圆通寺始建于唐朝南诏时期，后毁于宋末元初，元朝延祐六年（1319 年）重建。——译者注

图 249 云南昆明大德寺接引殿和双塔。大熊博士拍摄。

云南昆明大德寺接引殿和双塔

　　大德寺的设计酷似日本的南都药师寺，中门内的中院东西两侧各有一座四角十三层塔。双塔采用所谓的南诏①式，又名大理式，具有特殊的轮廓和相轮。现存建筑的建造年代不明，但保留了古代的神韵。（伊东忠太）

————————

① 南诏国（738—902 年），云南一带的古王国。——译者注

云南昆明大德寺大殿

大德寺大殿与上文提到的接引殿相隔一座院子，位于接引殿的背后。大殿建造年代不明，但从斗拱来看，与日本奈良时代至平安时代的风格相似，可能始建于南诏时期（唐朝），保留了当时的建筑风格。（伊东忠太）

图 250 云南昆明大德寺大殿。大熊博士拍摄。

北京雍和宫

雍和宫位于北京皇城东北部，原为清朝雍正皇帝当王爷时的王府，其即位后改为行宫，清朝乾隆九年（1744 年）改为喇嘛庙。

法轮殿位于寺庙后方，屋顶覆盖黄瓦，正殿面阔七间，前面有前殿，面阔五间，前殿为歇山顶，不设大梁。正殿颇为宏大，歇山顶，中央有方阁。方阁也是歇山顶，屋顶中央安有宝塔。宝塔左右又各有两面坡的小阁楼，阁楼顶部中央还有宝塔。法轮殿采用平棋天井，布局和结构非常特别，富于变化，别处少见。

万福阁位于法轮殿后面，是一座三层楼阁，上层屋顶为歇山式，同样覆盖黄瓦。左右分别有一座两层楼阁，均为歇山顶，不设大梁，上层有栈道与万福阁相通。万福阁的第一层四周有一间宽的外廊，内部供奉一尊高约五丈（16.67 米）的大型木制弥勒像。（关野贞）

图 251 北京雍和宫法轮殿。关野贞博士拍摄。

图 252 北京雍和宫万福阁。关野贞博士拍摄。

图 253 北京东黄寺大殿。关野贞博士拍摄。

北京东黄寺大殿

　　东黄寺位于北京北郊，建于清朝顺治八年（1651年），是一座喇嘛寺。走入东黄寺正门，穿过天王殿，正面有大殿，又称三大师殿。大殿为双层，屋顶四面排水，面阔七间，规格颇为宏大，殿内方坛供奉释迦牟尼佛坐像。大殿前方有月台，设有三条汉白玉台阶，中间丹陛阳刻云龙图案。（关野贞）

北京西黄寺大殿局部

西黄寺建于清朝初年，是一座喇嘛寺。寺内大殿有一个特殊的细节——上层的柱子头部没有使用汉式大斗，而是使用了藏式大斗；柱子上面没有使用斗拱，而是用凹形重叠、排列传统的齿形，上面再架上汉式的双层椽。总之，这种手法体现了汉藏建筑风格的融合。（伊东忠太）

图254 北京西黄寺大殿局部。大熊博士拍摄。

图 255 奉天黄寺正殿。大熊博士拍摄。

奉天黄寺正殿

黄寺是奉天的一座大型寺庙，又称莲花净土实
胜寺^①。该寺庙于清朝崇德元年（1636 年）动工，崇
德三年（1638 年）落成。正殿面阔七间，进深五间，
内外都极其壮丽。当然，细节处都采用了藏式风格。
（伊东忠太）

---

① 清朝皇帝家庙，又称皇寺，因其瓦为黄色，"皇""黄"谐音，
又俗称"黄寺"。——译者注

图 256 奉天黄寺山门。大熊博士拍摄。

奉天黄寺山门

　　山门与正殿式样相同，朴实无华，但也轻松活泼。屋顶正脊上的装饰虽然看上去十分随意，但实际上设计颇为有趣。（伊东忠太）

奉天黄寺经藏侧房

　　寺庙正殿前方为中院，两侧有东西佛殿相对而立。图257中建筑为西侧佛殿，没有什么特别值得关注的特色。右后方的两层建筑即为摩诃迦罗庙，在本寺中具有非常重要的地位。（伊东忠太）

图 257 奉天黄寺经藏侧房。大熊博士拍摄。

图 258 奉天黄寺正殿局部。大熊博士拍摄。

奉天黄寺正殿局部

正殿的木构件规格比较简洁，但装饰非常细致。斗拱出两跳，各部位的制作手法极为自由，斗拱的配置看上去仿佛毫无规则一般。屋檐具有敦实厚重的美感。（伊东忠太）

奉天黄寺正殿内部其一

正殿内部正面供奉三尊佛像，沿左右墙壁排列着八大菩萨的立像。图 259 中展示了菩萨像以及摆放菩萨像的手法。菩萨像之间的立柱有藏式大斗和藏式墙装托架，墙装托架从左右伸出，连成一种斗拱的轮廓，这样的设计颇为特别。（伊东忠太）

右图 >
图 259 奉天黄寺正殿内部其一。大熊博士拍摄。

图 260 奉天黄寺正殿内部其二。大熊博士拍摄。

奉天黄寺正殿内部其二

图 260 为殿内供奉的三座本尊像及佛具等。本尊身后有巨大的背光，上端雕刻"金翅鸟捕捉龙女"的图案。这一题材在藏传佛教的背光及拱石等处屡见不鲜。笔者记得佛前曾放有藏传佛教的八宝。（伊东忠太）

第五章 伊斯兰教建筑

第一节 清真寺

天津清真寺

　　天津清真寺[①]可能是中国规模最大的清真寺，就外观而言，确实最为壮观，集中国传统建筑风格与伊斯兰教建筑风格于一体。正殿上矗立着三个塔状屋顶，是汉化的伊斯兰教圆顶。该寺可能建于清朝初年。（伊东忠太）

右图 >
图 261 天津清真寺。大熊博士拍摄。

---

① 即天津清真大寺，始建于明朝，清朝康熙年间（1662—1722 年）重修。——译者注

北京清真寺内部其一

北京清真寺始建于明朝，现存建筑为乾隆四年
（1739 年）重建。图 262 展示的是位于礼拜殿深处礼
拜龛的凸起部位。中央为礼拜龛，左右为窗户，窗
格是图案化的阿拉伯文字，正面的栏杆是纯粹的汉
式造型。（伊东忠太）

图 262 北京清真寺内部其一。原照片由大熊博士收藏。

图 263 北京清真寺内部其二。原照片由大熊博士收藏。

北京清真寺内部其二

图 263 为礼拜龛，它将撒拉逊风格 [1] 和中国风格巧妙地交织在一起，非常有趣。文字和图案也具有撒拉逊风情，但唐草等图案则体现出中国风格。（伊东忠太）

———————————

① 即伊斯兰建筑，是伊斯兰艺术的重要组成部分和主要表现形式之一，涵盖了穆斯林地区和伊斯兰文化圈内形成的各种建筑风格与样式。——译者注

北京清真寺内部其三

　　这是清真寺中不可或缺的宣讲台，名为敏白尔①，设计风格介于伊斯兰式和汉式之间。宣讲台的华盖属于常规造型，容易被忽视，但它其实和撒拉逊式圆顶相似，和日本式华盖也非常类似，从中可以窥见它们之间的关系。

右图 >
图264 北京清真寺内部其三。原照片由大熊博士收藏。

① 一译敏拜尔，指设在清真寺礼拜大殿内的宣讲台。——译者注

图 265 奉天开原县清真寺其一。大熊博士拍摄。

奉天开原县清真寺其一

　　图 265 为开原清真寺正殿，堪称东北地区具有代表性的伊斯兰教建筑。寺内前有拜殿，后有大厅，再之后是后堂，向外突出一半六角形，后堂为三层塔，下设礼拜龛，置敏白尔。外观上乍一看与汉式殿宇相似，但有一种别样的风情。内部自然有不少阿拉伯文字和图案。从碑铭推测，该寺应当建于清朝嘉庆年间（1796—1820 年）。（伊东忠太）

奉天开原县清真寺其二

图 266 为开原清真寺的侧面，能看到后方的塔。塔、正殿和拜殿的组合非常巧妙。（伊东忠太）

图 266 奉天开原县清真寺其二。大熊博士拍摄。

奉天南清真寺正殿侧面

　　奉天有三座清真寺，南清真寺是其中之一。从碑铭可知，南清真寺始建于清朝康熙年间（1662—1722 年）。[①]正殿的设计与开原清真寺相同，但与外观敦实的开原清真寺相比，其略显浮躁。正殿前后有两条横梁与之平行。（伊东忠太）

------

① 该寺的始建年代说法不一，在清朝顺治年间（1644—1661 年）以前已经存在，康熙年间、乾隆年间、嘉庆年间各朝又各有增建。——译者注

图 267 奉天南清真寺正殿侧面。大熊博士拍摄。

奉天南清真寺正殿正面

图 268 为清真寺的第二道门，与正殿及塔并列。第二道门前还有第一道门。其庙宇规模和佛教寺庙相似，如果不看内部，根本无法判断寺庙的类型。（伊东忠太）

图 268 奉天南清真寺正殿正面。大熊博士拍摄。

奉天南清真寺正殿背面

图 269 是清真寺正殿背面的塔。这是一座六角三层塔，既似佛塔，又似道教塔，但通过宝顶的建筑手法就能确定它属于伊斯兰教建筑。

图 269 奉天南清真寺正殿背面。大熊博士拍摄。

图 270 广东潮安县涸溪塔。原照片由大熊博士收藏。

广东潮安县涸溪塔

涸溪塔外观为八角七层纯汉式塔，但其内部从一楼到顶层完全贯通，狭窄的螺旋楼梯沿着厚实的墙壁内侧蜿蜒而上。这是伊斯兰教寺庙独有的宣礼塔，建造年代不明，可能是清朝重建。（伊东忠太）

第二节 塔、墓

图 271　广东广州怀圣寺光塔。
大熊博士拍摄。

广东广州怀圣寺光塔

　　怀圣寺光塔位于广州市內的光塔路。据说，阿拉伯人斡葛思[①]到此传播伊斯兰教，创建怀圣寺并建造了光塔。一般认为，现存建筑为元朝至正十年（1350 年）重建。塔內有螺旋台阶，从一层连续通往顶层，外观和其他的汉式塔完全不同，带有一种撒拉逊式的审美趣味。（伊东忠太）

[①] 斡葛思（Waqqas），亦作"宛葛素""宛各师""旺各师""斡歌士""斡葛斯"等，相传为唐太宗（626—649 年在位）时来中国传布伊斯兰教的 4 位阿拉伯人之一，卒于中国，葬于广州城外流花桥畔，称"先贤古墓"（俗称"响坟""番人冢"）。——译者注

图 272 广东肇庆番塔。大熊博士拍摄。

广东肇庆番塔

番塔^① 意为外国塔。本塔是一座八角九层的伊斯兰教光塔,每层都有大小不一的塔檐,最上层有三层护檐。(伊东忠太)

────────────

① 番塔,光塔的古称。此塔今已不可考。外观上与肇庆崇禧塔极为相似,但不能确定是否为同一建筑。——译者注

图 273 广东肇
庆番塔内部。
大熊博士拍摄。

广东肇庆番塔内部

番塔内部从下至上贯通，各面有凹龛，其內藏有佛像。对于光塔而言，这是不可思议的，可能是后世人所为。（伊东忠太）

广东广州城北门外的伊斯兰教古墓及古寺

广州城北郊有一片土地，被称为"番人冢"[①]，这里有很多前来传播伊斯兰教的阿拉伯人的墓地。墓地皆为撒拉逊风格，殿内棺椁也是阿拉伯形式。墓地和古寺建设年代不明，最早或许可以上溯至元明时期。（伊东忠太）

---

① 即"先贤古墓"，相传唐朝时阿拉伯人斡葛思来华传教逝世后葬于此地，另墓园拱门嵌额有"贞观三年建"，后人考证为唐朝永徽三年（652年）建。明清以后为知名穆斯林人士墓地。——译者注

图 274 广东广州城北门外的伊斯兰教古墓及古寺。大熊博士拍摄。

图 275 广东广州斡葛思之墓。大熊博士拍摄。

广东广州斡葛思之墓

斡葛思之墓位于广州城北郊的伊斯兰教古墓区，为撒拉逊风格，入口处用阿拉伯文字写有"斡葛思之墓"的字样。古墓后世似有修补，建造年代不明，可能是明朝所建。（伊东忠太）

广东广州伊斯兰教古墓

这是同一地区的古墓之一。拱形轮廓和屋檐装饰体现出异国风情。圆顶现已散佚，不知是何人之墓，也无法辨识其建造年代。唯一可知的是它比斡葛思之墓要早。（伊东忠太）

图 276 广东广州伊斯兰教古墓。大熊博士拍摄。

广东广州四十舍希德之墓

　　舍希德即 Shahid，指跟随斡葛思前来的穆斯林。
据说他们为强盗所害，埋葬于此。广场中整齐排列
着四十座阿拉伯式坟墓，可能是明朝时期修补而成。
（伊东忠太）

图 277 广东广州四十舍希德之墓。大熊博士拍摄。

第六章

陵墓

图 278 陕西咸阳县周文王陵。关野贞博士拍摄。

第一节 秦汉及之前

陕西咸阳县周文王陵

咸阳北面约十五里处，有一处古墓群，被称为周文王陵、周武王陵、周成王陵、周康王陵和周公墓[①]。这一说法是否属实不得而知，但至少从外形上看，似乎确实是先秦时期的古墓。

文王陵的地基东西边长约三百七十五尺（125 米），南北边长约三百二十尺（106.67 米），地上高约六十尺（20 米），规模虽然不小，但由于顶部偏大，高度偏低，外观上显得低矮。

陵墓前有墓碑，南面有献殿，献殿前方有东西廊屋。继续往南面是中门，再南边有石牌坊作为外门，左右有墙，向后延伸，将文王陵及武王陵包围。（关野贞）

[①] 应为现在的周陵。——译者注

图 279 陕西咸阳县周成王陵。关野贞博士拍摄。

陕西咸阳县周成王陵

　　成王陵位于文王陵的西南面，与文王陵相比，规模略小，但样式相同。目前，成王陵的地基东西边长约二百七十尺（90米），南北边长约二百六十三尺（87.67米），由此推测陵墓最早应为正方形。墓高约五十尺（16.67米），墓顶平坦而宽广，呈较为低矮的平台形状。墓前有献殿，周围绕墙，正面有一道门。（关野贞）

陕西临潼县秦始皇陵

　　秦始皇陵位于临潼东面约十里处，远望如同小山。秦始皇生前役使七十余万人筑成此陵，其规模之宏伟，举世无双。陵墓建于骊山支脉的丘陵上，外形似两层方台，地基边长约一千一百三十尺（376.67 米），高一百余尺（33.33 米）。从周围留下的痕迹来看，当初的面积似乎比现在还要广阔。文献记载，内院边长五里，外院边长十一里，如今仅留存内院。（关野贞）

图 280 陕西临潼县秦始皇陵。关野贞博士拍摄。

陕西三原县汉惠帝安陵

汉惠帝安陵在西安府北约三十五里处，位于渭水北岸的高原上，陵墓为方台形。地基东西边长约一百九十一尺（63.67米），南北边长约一百八十六尺（62米），高约四十尺（13.33米）。顶上平坦，也是方形。从外形上看，顶部比周王陵稍窄，高度稍高。离四面约一百尺（33.33米）处，各有疑似双阙的遗址。（关野贞）

图281 陕西三原县汉惠帝安陵。关野贞博士拍摄。

图 282 陕西三原县汉景帝阳陵。关野贞博士拍摄。

陕西三原县汉景帝阳陵

汉景帝阳陵位于汉惠帝安陵东面约七八百米处。同样也是方形坟，地基边长约二百三十尺（76.67 米），高约四十五六尺（15~15.33 米），风格与安陵完全相同，但规模更大。距离四面约一百三四十尺（43.33~46.67 米）的地方，也有双阙遗址。（关野贞）

陕西咸阳县汉元帝渭陵

汉元帝渭陵位于咸阳东北面约十五里处。底部平面东西边长约七百二十五尺（241.67米），南北边长约七百九十五尺（265米），三层方台坟，顶部平面东西边长约二百二十尺（73.33米），南北边长约一百九十五尺（65米）。其上又有两层矮坛，现在已经非常破败。较之安陵和阳陵，渭陵规模更为宏大。（关野贞）

图 283 陕西咸阳县汉元帝渭陵。关野贞博士拍摄。

山东曲阜县至圣林

孔子墓在今曲阜县城北约一里处的至圣林中，是一座高约十五尺（5米）的圆坟，东面与其子伯鱼的坟墓相邻。孔子墓前有碑，上题"大成至圣文宣王墓"，前有石桌，上立烛台一对，前方置香炉一具。墓地参拜道路前方立有享殿。（关野贞）

享殿正面植有行道树，从南至北依次列有石华表（八角石柱）、石虎、石翁仲各一对。石翁仲即石人，右边石人执笏，左边石人执剑，分别象征文臣和武将。据传，这些石柱、石人、石兽由鲁相韩勒于东汉桓帝永寿元年（155年）所造。[①]

（塚本靖）

① 此处遵照原文。东汉桓帝永寿三年（157年），鲁相韩勒修孔墓，在墓前造神门一间，在东南造斋宿一间，以吴初等若干户供孔墓洒扫，当时的孔林"地不过一顷"。宋朝宣和年间（1119—1125年），在孔子墓前修造石仪。——译者注

图 284 山东曲阜县至圣林孔子墓。关野贞博士拍摄。

图 285 山东曲阜县至圣林享殿正面。塚本靖博士拍摄。

图 286 山东曲阜县至圣林享殿前石人。关野贞博士拍摄。

山东嘉祥县武氏祠石阙

武氏祠石阙在嘉祥东南约三十里处，两座石阙东西相对。这里是东汉末年武氏家族之墓的所在地，石阙立于武氏墓前，为双檐子母阙。据西阙铭文显示，此处建于东汉建和元年（147 年）。两阙高约十三尺六寸（4.53 米），相距二十二尺三寸（7.43 米），阙基支撑方形阙身，阙顶为大斗形状，支撑重檐，上面刻有瓦片图案。两屋顶中间也有略高一点的大斗形状作为上层檐。子阙规格与母阙相似，上面顶有单层檐。

石阙四面刻有人物、车马、龙虎、鱼、马等浮雕，纹路较浅，具有东汉末期的艺术风格。（关野贞）

右图 >
图 287 山东嘉祥县武氏祠石阙（东）。关野贞博士拍摄。

图 288 山东嘉祥县武氏祠石阙（西）。关野贞博士拍摄。

山东嘉祥县武梁祠石室第一石拓本

武梁祠石室建于武梁墓前，与上文所说的石阙同在一处。石室侧壁表面有各种浮雕，上部为三角形，置有供奉仙人的神龛；下面分为四层，面向建筑，最高一层从右往左依次刻有伏羲、祝融、神农、黄帝、颛顼、帝喾、尧、舜、禹以及夏桀，第二层有曾子、闵子骞、老莱子、丁兰等孝子故事，第三层有曹沫、专诸、荆轲等刺客的历史故事，第四层有车马出行、家具庖厨等，各层间多以流云纹和几何纹路分隔。这些画像的艺术手法非常朴实，从中可以观察到当时绘画雕刻艺术的发展，验证当时的历史事实和风俗习惯等。（关野贞）

图 289 山东嘉祥县武梁祠石室第一石拓本。拓本由关野贞博士收藏。

山东肥城县孝堂山石室后壁下层画像石

石室后墙分为上下两层，分别刻有画像。图290是下面一层的局部。画像周围布有菱形纹和铜钱纹，画像内容为楼阁的局部图和双阙之一、大量人物和飞禽，展示了当时的建筑形态和结构，引人注目。（关野贞）

图290 山东肥城县孝堂山石室后壁下层画像石。拓本由关野贞博士收藏。

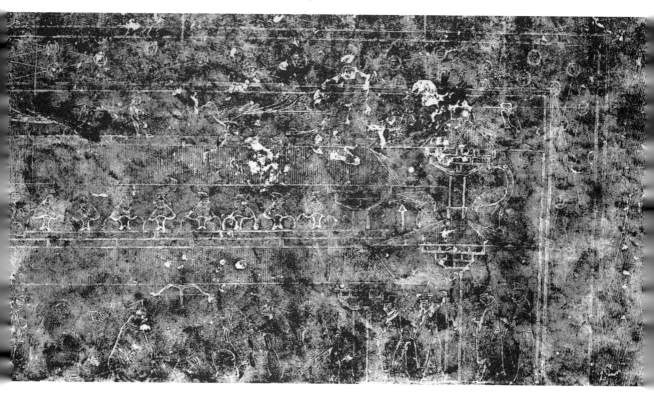

山东嘉祥县武氏祠前石室第三画像石

　　这块画像石曾属于武氏祠的前石室，是其中的第三块。画像石描绘了双阙以及楼阁状的建筑、上下层供奉贵人。左方刻有枝干盘曲纠结、花叶交错的合欢树以及解开马的马车，下面一层刻有马车及车骑出行的景象。四处点缀着鸟和狗。画像石年代不明，但应该和石阙相近，同为东汉末年时建造。

（关野贞）

图 291 山东嘉祥县武氏祠前石室第三画像石。原拓本藏于东京帝国大学工学部建筑学教室。

图 292 山东肥城县孝堂山郭巨祠正面。关野贞博士拍摄。

山东肥城县孝堂山郭巨祠

孝堂山是一座小山丘，位于肥城县西南约七十里处的孝里铺，山顶上有一座小型古墓，正面立有孝子郭巨的祠堂。此墓与郭巨毫无关系，之所以被称为郭巨之墓，完全是后世附会。① 当时，人们为了在墓前供奉物品，建造了石制的小型建筑，即石室。后人为了保护石室，又在石室外面用砖砌了小型建筑。图292 为其外观，图293 是其内部石室的局部图。

石室全部用灰黑色的石灰石筑就，平面为长方形，正面长十三尺六寸三分（4.54 米），侧面长八尺二寸八分（2.76 米）。正面中央有基台及八角形石柱，石柱有大斗状的柱头。石柱支撑屋顶横梁，横梁两端用截面为长方形的石柱支撑。东西侧壁及后壁都用大型石材建造，屋顶为悬山式，仿铺瓦样式。其内部墙面刻有楼阁、神仙、人物、马车、狩猎及其他图案。墙面刻有东汉永建四年（129 年）的题名。据推测，石室的建造时间应早于题名的时间，至少在 1 世纪初期就已经建造了，应该是中国现存最古老的建筑。（关野贞）

---

① 关于墓主人的明确身份学界尚无确定说法。——译者注

图 293 山东肥城县孝堂山郭巨祠内部石室正面。关野贞博士拍摄。

图 294 山东济宁县两城山画像石。由法国鲍尔·马龙收藏。

山东济宁县两城山画像石

　　这块画像石出处不明，但因为和两城山画像石的风格完全一致，故笔者推测它也出土自两城山。画像石右侧有东汉永初七年（113 年）的刻铭，年代准确。石面中央部位刻有奏乐嬉戏及连理树图案，上下画有人物和走兽。画像石以浮雕手法刻画形象轮廓，将画像以外的位置稍微削低，再以阴线刻画出细节。它曾为端方的藏品，现为法国人鲍尔·马龙（Paul Mallon）收藏。（关野贞）

山东济宁县旧慈云寺天王殿画像石

晋阳山慈云寺原在济宁西北三十里，该画像石就在天王殿的墙壁间。画面分成三层，上层为西王母，中层为车马出行及步骑人物，下层为狩猎图。画像石采用的雕刻方法是先在石面上雕刻出形象轮廓，然后将画像轮廓内部稍稍挖浅，阴刻出细节，这是汉朝画像石中最为常见的手法。

图 295 山东济宁县旧慈云寺天王殿画像石。藏于东京帝国大学工学部建筑学教室。

图 296　山东曲阜县矍相圃石人其一。关野贞博士拍摄。

山东曲阜县矍相圃石人

　　这两尊石人原本位于曲阜东南张曲村的古墓前，后人将它们迁至曲阜文庙西面的矍相圃内。石人现有两尊，一尊卧倒，另一尊站立。一尊两腿间刻"府门之卒"，另一尊两腿间刻"汉故乐安太守麃君亭长"。乐安郡始于东汉，所以这尊石人应当制作于东汉时期。石人面貌纯朴、姿态古拙，明显为汉朝时期的石刻风格。（关野贞）

图 297 山东曲阜县翼相圃石人其二。关野贞博士拍摄。

图 298 山东嘉祥县武氏祠石狮。关野贞博士拍摄。

山东嘉祥县武氏祠石狮

距离武氏祠石阙正面不远处，有两座石狮相向而立，本来它们都在台石之上，但如今石狮脚已经折断，倾倒在地。狮子长约四尺七寸（1.57 米），形态颇为写实，气势雄浑。根据石阙铭文可知，石狮和石阙都建造于东汉建和元年（147 年）。（关野贞）

四川雅安县高颐墓石辟邪

图 299 中的石辟邪立于高颐墓前，据说建造于东汉献帝建安十四年（209年）。石辟邪肩上刻有翅膀，前腿向前作行进状。这座石辟邪和武氏祠石狮不同，已经具有六朝风格，具有历史价值。（伊东忠太）

图 299 四川雅安县高颐墓石辟邪。出自《华北考古图谱》。

第二节 唐宋

江苏南京梁萧景神道石柱

　　石柱位于南京城太平门外约十五里处。萧景坟墓的正面有一条神道，道路两侧原本立有成对的石碑、石辟邪和石柱，但现在仅保留有左侧的一根石柱。石柱底部埋于土中，地上部位高度目测约十六尺五寸（5.50米）。石柱直径二尺三寸一分（0.77米），四周刻着二十四条隐陷直刓棱纹。柱子中部环绕绳辫纹和交龙纹，上方柱额刻有反左文铭文，即"反左书"。反左书为右方柱文字的对称字体。柱顶托有莲台，其上立有带翼的小辟邪。石柱的构思可能受到了印度佛塔的影响。（伊东忠太）

图300 江苏南京梁萧景神道石柱。原照片由大熊博士收藏。

江苏句容县
梁南康简王萧绩墓石柱

　　该石柱和前面介绍的萧景墓石柱大致属于同一时期，造型相同。萧景墓石柱的基石陷于地下，而此石柱则完全露于地上，上有一对石辟邪。萧绩为梁武帝第四子。（伊东忠太）

图 301 江苏句容县梁南康简王萧绩墓石柱。出自《华北考古图谱》。

图 302 江苏南京梁安成康王墓石辟邪。关野贞博士拍摄。

江苏南京梁安成康王墓石辟邪

南梁散骑常侍、司空、安成康王萧秀是梁武帝的异母弟，薨于南梁天监十七年（518 年）。萧秀墓位于南京城东面约二十里处，其神道两侧分立有石辟邪一对、石柱一对、石碑两对。石辟邪的脚的下半部分埋于地下，露出地面的部分高九尺五寸（3.17 米），从前脚尖到尾尖有十一尺二寸（3.73 米），外貌雄伟，张口吐舌，身上有不大的双翼。（关野贞）

江苏南京梁武帝墓石麒麟

　　梁武帝去世于南梁太清三年（549 年），其墓前石麒麟应当建于这一时期。同样，石麒麟身上的翅膀形状奇特，体现出六朝时期臻于鼎盛的艺术水平。（伊东忠太）

右图 >
图 303 江苏南京梁武帝墓石麒麟。出自《华北考古图谱》。

陕西礼泉县唐太宗昭陵石骏马

唐太宗生前于国都长安（今西安府）东北约十二三里处的九嵕山顶修建皇陵。司马门东西厢房的墙壁间，嵌有六匹石刻骏马像。其中，图304的骏马名为"白蹄乌"，列于西壁第三位，为唐太宗平定薛仁杲时所骑。图305的骏马名为"飒露紫"，列于西壁第一位，为唐太宗东征洛阳时所骑。两匹战马的雕刻手法都非常写实，后者尤其值得关注。"飒露紫"在战斗中身中箭矢，唐太宗面临生命危险。这时，大将邱行恭前来相救，将自己所骑战马献于唐太宗，并将"飒露紫"身上的箭矢拔下。为了褒奖其功绩，唐太宗命人将邱行恭拔箭的情景雕刻下来。无论是马的身形，还是邱行恭的姿势，都是冠绝古今的杰作。遗憾的是，这些作品都被运至海外，收藏在美国宾夕法尼亚大学博物馆[①]。（关野贞）

右图（上）>
图304 陕西礼泉县唐太宗昭陵石骏马之"白蹄乌"。关野贞博士拍摄。

右图（下）>
图305 陕西礼泉县唐太宗昭陵石骏马之"飒露紫"。关野贞博士拍摄。

[①] "白蹄乌"现藏于西安碑林博物馆。"飒露紫"和"拳毛騧"现藏于美国宾夕法尼亚大学博物馆。——译者注

图 306 陕西礼泉县唐高宗乾陵石狮。关野贞博士拍摄。

陕西礼泉县唐高宗乾陵

唐高宗乾陵位于乾州北面十里的梁山上，唐高宗与武则天合葬于此，因此乾陵规格极高，是唐代陵墓的代表作。从山麓登顶，可以看到东西两座小丘上有双阙相对而立。进入其间，便是神道入口，石华表、石翼马分列两侧，再往里走，有石鸵鸟（图307）一对、石仗马（图308）十对、石翁仲十对，连成一排。西边有乾陵述圣记碑，东边有无字碑。穿过砖砌阙门，可以看到六十四尊诸番酋长像[1]分列左右，大型石狮（图306）相对而立，守护着陵墓。再往前走约七八十米，便是坟墓所在的位置。

[1]应为"六十一番臣像"。——译者注

石鸵鸟以高浮雕的手法刻在直立的方石平面上，造型逼真。石仗马都配有马鞍，巧妙地衬托出马的身形。石狮高约十二尺（4米），气势雄浑。这些都是后世难以企及的杰作。（关野贞）

图307 陕西礼泉县唐高宗乾陵石鸵鸟。关野贞博士拍摄。

图308 陕西礼泉县唐高宗乾陵石仗马。关野贞博士拍摄。

陕西泾阳县唐德宗崇陵石人

唐德宗崇陵位于泾阳西北四十里的嵯峨山上，规格与唐高宗的乾陵一样，只是缺少了番臣像。石人和石像之类与乾陵的艺术风格相似，但略有厚重之感。本书仅收录石人的照片。石人着衣冠、执笏，为典型的唐朝式样。（关野贞）

图309 陕西泾阳县唐德宗崇陵石人。关野贞博士拍摄。

河南巩县宋太宗永熙陵

北宋虽然定都于汴京（今河南开封），但历代陵墓都建在巩县西南约二十里处的八陵。其中，宋太宗的永熙陵最具代表性。从南面穿过神门遗址后前行约百米，到达乳台遗址。乳台內，石像列于神道两侧，沿神道可达鹊台遗址，其间约四百尺（133.33 米），两侧石像相距约一百三十尺（43.33 米）。鹊台內有灵台，即方台形坟墓，周围环绕神墙，残留的痕迹显示四面各有一门。石像按照顺序列举如下[①]：

一、石柱一对

二、石象一对

三、灵禽碑一对

———————————

① 石雕由南向北依次排列着望柱、象和象奴、灵禽碑、角端、仪马和司马官、石虎、石羊、客使、文臣武将、镇墓将军、宫人和石狮。——译者注

图 310 河南巩县宋太宗永熙陵石象。关野贞博士拍摄。

图 311 河南巩县宋太宗永熙陵石甪端。关野贞博士拍摄。

图 312 河南巩县宋太宗永熙陵石虎、石羊及石人。关野贞博士拍摄。

四、石甪端一对

五、鞍马二对

六、石虎二对

七、石羊二对

八、石人三对

九、文臣石像四对

十、石狮一对

十一、武将石像一对

其中，石象高七尺五寸（2.5米），长十尺五寸（3.5米），略带写实风格。每匹鞍马配有马前卒两人，分别站在马的左右两侧。石虎跪坐，石羊前腿弯曲，伏卧在地。灵禽碑为马首凤身，刻在一整块岩石上。这些陵墓与唐朝陵墓相比，别有新意，但规模较小，石像的雕刻技巧也稍差一些。（关野贞）

图 313 河南巩县宋太宗永熙陵正门石狮。关野贞博士拍摄。

图 314 河南巩县宋太宗永熙陵灵禽碑。关野贞博士拍摄。

图 315 河南巩县宋太宗永熙陵石马。关野贞博士拍摄。

图 316 河南巩县宋太宗永熙陵文臣石像。关野贞博士拍摄。

河南巩县宋太祖
永昌陵武将石像

　　宋太祖的永昌陵也
在八陵之中，规格与永
熙陵十分相似。武将石
像位于灵台（坟墓南门
的鹊台）前方，极为写
实地展示了当时的军事
装备。（关野贞）

图 317 河南巩县宋太祖永昌陵武将石像。关野贞博士拍摄。

第三节 明清及民国

江苏南京明太祖孝陵

明太祖孝陵位于南京东面的钟山下，规模宏大。进入第一门后，沿神道过碑亭，左转之后再右转，过石桥，可以看到道路两侧有很多石兽，卧狮、立狮、卧驼、立驼、卧象、立象、卧麒麟、立麒麟、卧马、立马各一对，依次排列。[①]经过一对石柱和两对武将石像，来到面阔五间的石牌坊，右转便来到陵墓所在之处。

第一门原为大红门[②]，和十三陵的大红门一样，是一座单层的大门，有四面排水的屋顶，但现已散佚，仅留砖墙的三道拱形门。

---

① 神道两旁依次排列着狮子、獬豸、骆驼、象、麒麟、马等六种石兽，每种二对，共十二对（二十四件），每种两跪两立，夹道迎侍。——译者注
② 即大金门。——译者注

图 318 江苏南京明太祖孝陵石象。关野贞博士拍摄。

图 319 江苏南京明太祖孝陵石骆驼。关野贞博士拍摄。

碑亭原本的形制类似十三陵的碑亭，但重檐屋顶已经缺失，仅存四面各开一门的砖墙，内有明朝永乐十一年（1413 年）的大明孝陵神功圣德碑。从第一门中央拱门望见的就是这座碑亭。

石兽较之唐宋的形制更进一步，新增了石象、石骆驼、石麒麟和石獬豸，各种石兽相继排列，或立或卧，造型新颖。这些石兽略带写实风格，尤其值得一提的是立石象，它身宽六尺五寸（2.17 米），长十三尺五寸（4.5 米），高约十二尺（4 米），和真象的大小相差无几。石象用一块整石刻出，其规模之巨大，令人赞叹。

八角石柱①，高约二十五尺（8.33 米），颈部有两节，整体装饰着浮雕云纹。

① 石望柱应为六棱柱形。——译者注

图 320 江苏南京明太祖孝陵石麒麟。关野贞博士拍摄。

翁仲均高约十二尺（4 米），文臣石像身着衣冠，武将石像身披甲胄，雕刻技法精湛。

陵墓前方有三条石桥，过桥后经过祾恩门和碑阁，便来到祾恩殿^①，这些地方现在都只保留旧址。祾恩殿后有一处门址，通过后有座石桥，再往后便是明楼遗址。明楼刚建成时与明成祖的明楼相似，规模比后者更大，但现在只留下了上下两层的砖墙，落寞地伫立在风中。孝陵明楼第一次出现于皇陵中，它成为后来各皇陵明楼的标准。

灵台是一种平面为圆形的土坟，规模颇大，上面灌木丛生。灵台外侧环绕沟渠及砖墙。（关野贞）

---

① 即享殿。——译者注

图 321 江苏南京明太祖孝陵石马。关野贞博士拍摄。

图 322 江苏南京明太祖孝陵石獬豸。关野贞博士拍摄。

图 323 江苏南京明太祖孝陵石柱。关野贞博士拍摄。

图 324 江苏南京明太祖孝陵全景。关野贞博士拍摄。

图 325 江苏南京明太祖孝陵文臣石像。关野贞博士拍摄。

图 326 江苏南京明太祖孝陵武将石像。关野贞博士拍摄。

图 327 江苏南京明太祖孝陵第一门。关野贞博士拍摄。

北京昌平县明十三陵石像

明朝历代皇陵位于昌平县北二十里处，共有十三座皇帝陵，俗称十三陵。明朝永乐七年（1409年），明成祖于天寿山下建寿陵，历时十三年落成。明宣宗宣德十年（1435年），神道两侧首次摆放石人和石兽等。之后的历代皇陵，都以长陵为中心，建于两侧，所以这些石像成了皇陵的标配。明朝陵墓规模已经超过了唐朝陵墓，自古以来无出其右。

图 328 北京昌平县明十三陵大红门。原照片由关野贞博士收藏。

图 329 北京昌平县明十三陵石柱。原照片由关野贞博士收藏。

图 330 北京昌平县明十三陵碑亭。原照片由关野贞博士收藏。

出昌平城西门，往北六里，可见面宽五间的汉白玉石牌坊，后有石桥，行二里后到达大红门，再行一里，可以看到一座两层高的碑亭。碑亭內有"大明长陵神功圣德碑"，四角立有四座白石华表，上刻云龙，柱顶立有瑞兽①。再往里走，可以看到一对石华表，屹立于东西两侧，北边有十八对共三十六尊石兽和石人，夹道排列，蔚为壮观。其顺序如下：

一、石狮坐像一对

二、石狮立像一对

三、石獬豸坐像一对

四、石獬豸立像一对

五、石骆驼坐像一对

六、石骆驼立像一对

七、石象坐像一对

八、石象立像一对

① 望天犼。——译者注

图 331 北京昌平县明十三陵石华表。原照片由关野贞博士收藏。

图 332 北京昌平县明十三陵石骆驼。原照片由关野贞博士收藏。

九、石麒麟坐像一对

十、石麒麟立像一对

十一、石马坐像一对

十二、石马立像一对

十三、文臣立像二对

十四、武将立像二对

十五、功臣立像二对

图 333 北京昌平县明十三陵石象。原照片由关野贞博士收藏。

图 334 北京昌平县明十三陵石麒麟。原照片由关野贞博士收藏。

图 335 北京昌平县明十三陵石马。原照片由关野贞博士收藏。

图 336 北京昌平县明十三陵文臣石像。原照片由关野贞博士收藏。

图 337 北京昌平县明十三陵武将石像。大熊博士拍摄。

石像队列的尽头是棂星门。进入棂星门，可以远远望见东、西、北三面的山脚下，以长陵为中心，散布着明朝皇帝们的陵墓。沿着棂星门再往北行进，过三座石桥，走完数百米坡道，右转后就来到长陵的前门。（关野贞）

北京昌平县明成祖长陵

　　长陵位于天寿山脚下，坐北朝南，穿过正面前门后就是祾[①]恩门。门前东面立有碑亭，门内为祾恩殿，规模宏大，屹立于三层台基之上。台基上有三条石阶，中间石阶称为神道，中央位置的丹陛刻有云龙图案的高浮雕，每层台基上都环绕石栏杆。祾恩殿面宽九间，进深五间，重檐庑殿顶，覆盖黄瓦，是一座雄伟壮观的大型建筑，平面边长二百二十尺九寸（73.63 米），进深九十五尺三寸（31.77 米），内部柱子直径三尺六寸（1.2 米），用单根楠木制成，基石为

---

① 原文作"稜"，据查此为后世修葺匾额时误写，故译文更正为"祾"，以下同。——译者注

图 338 北京昌平县明成祖长陵明楼。原照片由关野贞博士收藏。

图 339 北京昌平县明成祖长陵祾恩殿。原照片由关美野贞博士收藏。

图 340 北京昌平县明成祖长陵祾恩殿内部。原照片由关野贞博士收藏。

边长六尺三寸（2.1米）的方形白石。中央平棋天井，四边露出屋梁。大殿中间供奉明成祖的木制牌位。殿內和殿外都有彩绘，气势恢宏，壮丽非凡。

　　出祾恩殿后门，有白石坊与白石台相连。白石台上有一座香炉、两个花瓶和两座烛台，后方明楼屹立于高大的砖砌基座上。经过台下甬道，沿着左右曲折的台阶，可以登上基座。明楼为两层结构，四面各有入口，内部立有一块大石碑，上刻"大明成祖文皇帝之陵"。明楼后面是宝城，即陵墓的坟陇。殿门四周环绕围墙，北面与宝城相连。（关野贞）

奉天清太祖福陵（东陵）

　　清太祖福陵俗称东陵，在
奉天东北约二十里处的天柱山
脚下，墓地四周建有砖墙，下
面立有大红门。门为单层，砖
砌，开有三道拱门，用彩色琉
璃砖砌成虹门、斗拱和檐边，
用黄瓦覆盖歇山式屋顶。其规
模虽然不大，但雕饰颇为华美。
门的正面东西两侧，有两座三
间宽的牌楼相向而立。进门后，
神道两侧依次排列着石华表、
石驼、石马、石虎、石狮和石
华表。

图 341 奉天清太祖福陵石华表。关野
贞博士拍摄。

石华表为八角形，柱身刻蟠龙，上部为红日祥云，顶端立有瑞兽。石华表下部为基石，基石上有八角形雕饰。石兽站在基座上，基座上有华丽的雕饰。明朝以前的陵墓中并没有发现过类似的基座，因而这可能是清朝时期的风格。经过砖桥，再走完两处长长的登山石径，就来到神功圣德碑亭了。碑亭北面矗立着有三层结构的隆恩楼。方形城墙将隆恩殿及东西配殿围在其中，城墙四角设有角楼。

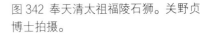

图 342 奉天清太祖福陵石狮。关野贞博士拍摄。

图 343 奉天清太祖福陵石马。关野贞博士拍摄。

图 344 奉天清太祖福陵隆恩殿。关野贞博士拍摄。

隆恩殿立于基石上，平面边长五间，屋顶为歇山式，覆盖黄瓦。四面开放有一间宽的回廊，斗拱出两三跳，门扉及窗户雕花。隆恩殿虽然规模不大，但基石和正面三道石阶都装有栏杆，饰以华美的凹形和雕刻，颇为壮丽。

隆恩殿后面有石门和石台相连。石台上安放有五具足，后面是重檐的明楼，与左右城墙相连。明楼后方是半月形的基座，上面建有圆坟，基座外侧环绕宝城。坟墓上方涂着石灰，现在顶上生长着几株老树。（关野贞）

图 345 奉天清太祖福陵大红门。关野贞博士拍摄。

图 346 奉天清太祖福陵隆恩殿丹墀。关野贞博士拍摄。

图 347 奉天清太祖福陵隆恩殿石基座。大熊博士拍摄。

图 348 奉天清太祖福陵隆恩殿局部。大熊博士拍摄。

图 349 奉天清太祖福陵坟墓。关野贞博士拍摄。

奉天清太宗昭陵（北陵）

清太宗昭陵俗称北陵，位于奉天西北约十里处。经过神道正面的神桥，可以看到面宽三间的石牌坊，上面有非常精巧的雕饰。穿过石牌坊，拾级而上，便到达大红门。大红门的规格和福陵的大致相同。门的左右建有砖墙，向东西延伸，环绕陵墓区域。大红门内部的神道左右分列石华表、石像生。石华表的顶端立有瑞兽。道路两旁的石像生有石狮、石獬豸、石麒麟、石马、石驼、石象等，规格与福陵的石兽相似。之后又是石华表，顶端为宝珠。

图350 奉天清太宗昭陵石华表。大熊博士拍摄。

图 351 奉天清太宗昭陵石麒麟。大熊博士
拍摄。

图 352 奉天清太宗昭陵石象。大熊博士拍摄。

图 353 奉天清太宗昭陵隆恩殿。关野贞博士拍摄。

　　经过这些石华表和石像生，就来到了重檐的神功圣德碑亭。高大的隆恩门与碑亭相对，左右连接方形城墙，四角建有角楼。隆恩门立于高台上，三层结构，台上有女墙，正面有拱形门。拱形及檐下墙壁都以琉璃瓦装饰。隆恩门面阔三间，内外施以彩绘。

　　隆恩门内为方城，方城中央建有隆恩殿。隆恩殿面阔五间，歇山顶，覆盖黄瓦，雕饰丰富，形制与福陵相同，建有基座、石阶和栏杆。

　　隆恩殿背后有石门和石台，穿过重檐的明楼，便来到宝城内的坟墓。这里的建筑布局和福陵完全一致。（关野贞）

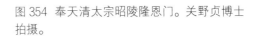

图 354 奉天清太宗昭陵隆恩门。关野贞博士拍摄。

图 355 奉天清太宗昭陵隆恩门局部。关野贞博士拍摄。

图 356 直隶易县清世宗泰陵文臣石像。关野贞博士拍摄。

图 357 直隶易县清世宗泰陵武将石像。关野贞博士拍摄。

直隶易县清世宗泰陵

　　清朝雍正皇帝的泰陵位于易县的清西陵，泰宁山南边的太平峪。雍正皇帝在清西陵建造泰陵之后，嘉庆、道光和光绪三位皇帝及妃子、公主等的陵墓都建于此，共有十四座陵墓。

――――――――――

① 现名永宁山。——译者注

泰陵的神道前方有白石五孔桥，往里走约一百米，经过三座白石牌坊，来到大红门。牌坊面宽五间，雕工精美。再走近百米，经过白石三孔桥，又走近百米，来到圣德神功碑楼。碑楼四角有高约三十尺（10 米）的青白玉华表，相距约五十米，柱头立瑞兽，柱身阳刻云龙，立于飞云形状的基石上，四周有护栏。再往里走约百米，有一白石七孔桥，过桥后有青白玉望柱一对、石狮一对、石象一对、石马一对、文臣武将石人各一对，依次左右夹道排列。望柱高约三十尺（10米），八角形，各面刻有层层云纹，并有大斗形状构件支撑云龙头饰。石狮、石象和石马都立于雕饰方台上，工艺颇为精湛。文臣武将石人都身着当时的服装，非常有趣。从这里走到一座名为蜘蛛山的小丘下，右拐往前走约七百米，便来到陵墓正门龙凤门。

图 358 直隶易县清世宗泰陵石望柱。关野贞博士拍摄。

图 359 直隶易县
清世宗泰陵碑楼
四角华表。关野
贞博士拍摄。

图 360 直隶易县清世宗泰陵石桥。关野贞博士拍摄。

过了龙凤门再往前走三十余米，有一座白石三孔桥。极目望去，碑亭、隆恩门、隆恩殿及其后方的明楼屹立在神道的尽头，掩映于远方葱郁的松林中。

过桥后行百余米，又见三路三孔石桥架在御河上。再走三十米，有一座两层碑亭。继续往里走近百米，就是隆恩门，面阔五间，单层结构，门内正面基座上屹立着隆恩殿。

隆恩殿面阔五间，进深三间，重檐歇山顶，

图 361 直隶易县清世宗泰陵石马。关野贞博士拍摄。

覆盖黄瓦。第一层斗拱出两跳，第二层斗拱出两三跳，
内外都施以彩绘。基座前有露台，正面有三条石阶，
左右各有两条石阶，石阶都配有汉白玉栏杆，外观
颇为壮丽。

踏入隆恩殿背面的三座门，可以看到二柱门及
石五供。供台上置有香炉、花瓶和烛台。再往前便
是两层高的明楼，屹立于基座上。宝城经明楼左右
两侧，将坟墓围在其中。（关野贞）

图 362 直隶易县清世宗泰陵石象。关野贞博士拍摄。

图 363 直隶易县清世宗泰陵石狮。关野贞博士拍摄。

图 364 直隶易县清世宗泰陵隆恩门正面。关野贞博士拍摄。

图 365 直隶易县清世宗泰陵隆恩殿。关野贞博士拍摄。

直隶易县清宣宗慕陵

　　清宣宗道光皇帝的慕陵位于西陵的龙泉峪。慕陵按照道光皇帝的旨意建造，非常简朴，规模也不如泰陵。其隆恩殿便是一例，所用木材竟然没有彩绘，这在中国极为少见。①坟墓低矮，呈圆筒状，用白石砌出束腰墙，上面用灰色砖砌成，屋顶覆盖黄瓦，用石灰做出斜面。隆恩殿立于方形基座上，下面有一条石阶。坟墓正面也有三条石阶，石阶下设石五供。

---

① 慕陵不设方城、明楼和宝城。隆恩殿的柱梁等木构件皆用上等楠木，不饰彩绘，以楠木本色为基调，天花、裙板和雀替等都用高浮雕和透雕手法雕刻上千条云龙、游龙和蟠龙，龙首高昂，极富变幻，犹如众龙聚会，腾空飞舞，堪称木雕艺术之佳作。——译者注

图 366　直隶易县清宣宗慕陵坟及石五供。关野贞博士拍摄。

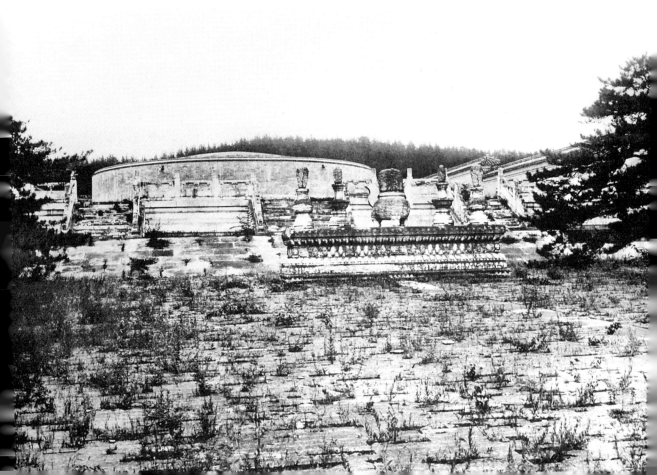

图 367 直隶易县清德宗崇陵。关野贞博士拍摄。

直隶易县清德宗崇陵

　　清德宗光绪皇帝的崇陵位于西陵的金龙峪，背靠影壁山和寿星山，左右环绕着连绵不绝的山岗，位于西陵的最佳位置，规模与慕陵相仿。神道正面有一座白石五孔桥，过桥后，可以看到一对青白玉望柱，后面立着一座面阔五间的牌楼门，柱子由白石制成，其余结构均为木制。再后面有一座碑亭，碑亭后方可见三路三孔桥，此时便来到面阔五间、单层结构的隆恩门。进入门内，正面屹立着两层结构的隆恩殿，前方东西两侧各有一座配殿，后面有石台，台上安有石五供，再后方便是明楼、宝城以及坟墓，布局一如惯例。图367为牌楼门、碑亭、三路三孔桥、隆恩门、隆恩殿以及附属建筑的远景。（关野贞）

河南登封县嵩山会善寺净藏禅师塔

净藏禅师塔位于会善寺西侧，建于唐朝天宝五年（746 年），是净藏禅师的墓塔。塔为八角形，两层结构，立于基座上。全塔以砖砌成，入口、棂窗、斗拱和虾蟆股均为仿木构样式，展现了唐朝时期木构建筑的风貌，顶部为球形盖，上部为大理石制须弥座，总体结构平衡，造型优美。（关野贞）

右图 >
图 368 河南登封县嵩山会善寺净藏禅师塔。关野贞博士拍摄。

山东历城县神通寺僧侣墓塔

　　神通寺内有多座历代住持的墓塔，或为石塔，或为砖塔，有的是四角形，有的是八角形，有的是喇嘛塔，形态各异。图 369 中，右侧题有"庆公山主之塔"，建于元朝至元六年（1269 年），造型为喇嘛塔，塔身为仿梵钟形，非常少见；左侧是一座普通的三层砖塔，没有铭文，但可能是元朝时期所建；后方左侧可以看到一座三层砖塔，题有"定公阇梨之塔"，为元朝至元五年（1268 年）所建。图 370 中，最左端有一座名为"通理妙明禅师淳愚云公之塔"的三层石塔，第一层尤为高大，建造年代不明；右侧宝塔题有"故坐化坚公之塔"，建造年代也不确定，或许是元朝时期所建。除这两座塔之外，照片中还能看到多座墓塔，外观大致相同。（关野贞）

图 369 山东历城县神通寺僧侣墓塔其一。关野贞博士拍摄。

图 370 山东历城县神通寺僧侣墓塔其二。关野贞博士拍摄。

图 371 山东历城县神通寺僧侣墓塔其三。关野贞博士拍摄。

图 372 山西交城县天宁寺僧侣墓塔。塚本靖博士拍摄。

山西交城县天宁寺僧侣墓塔

这些僧侣墓塔位于万卦山天宁寺后山，其中五
座墓塔有元代铭文。（塚本靖）

浙江杭州岳飞墓

岳飞墓位于杭州西湖湖畔。进入前门，映入眼帘的是两根相对而立的石华表，穿过第二道门，可以看到石兽和石人排列成行。第三道门内，正面有岳飞墓，右侧为夫人墓。岳飞墓为近年修建[①]，四周环绕束腰石，其上建有半球形的坟墓，用石灰涂白，坟前有碑，上书"宋岳鄂王墓"，前有石桌，置有香炉。（关野贞）

---

① 关野贞所见岳飞墓应为清朝康熙五十四年（1715年）重建。1979年，对其进行全面整修。——译者注

图 373 浙江杭州岳飞墓。关野贞博士拍摄。

图 374 浙江杭州林和靖墓。关野贞博士拍摄。

浙江杭州林和靖墓

　　林和靖墓隐藏在杭州西湖中一个名叫孤山的小岛上，位于放鹤亭的背面。坟墓修建于近代[①]，是一座圆坟，四周环绕束腰石。该墓与岳飞墓的半球形不同，采用了低矮的圆筒形，肩部到顶部中心呈穹隆状，穹顶涂石灰。坟墓三面环绕石墙。（关野贞）

————————

[①] 林逋（967—1028 年），字君复，后人称为和靖先生、林和靖，著名隐逸诗人。林和靖隐居孤山多年，死后葬于此。后来，墓圮废，元朝僧人杨琏真伽发其墓，唯端砚一方、玉簪一支。元朝至元年间（1335—1340 年），儒学提举余谦予以重修。明朝成化十年（1474 年），郡守李端再次修茸。——译者注

图 375 浙江绍兴县会稽山麓的清朝墓。关野贞博士拍摄。

浙江绍兴县会稽山麓的清朝墓

　　此墓位于会稽山麓，建于清朝光绪三十三年（1907 年），作为清朝末年修建的小规模墓地，颇有吸引人之处。坟墓平面为圆形，束腰石略高，上建坟丘。坟前与雕饰石屏相连，前方置有石桌，用于祭奠时摆放供品，让人联想起汉朝墓前的石室。（关野贞）

浙江定海县普陀洛迦山普同塔

　　普同塔位于普陀山，是一座墓塔，为各寺僧侣合葬之所。这是一座六角四层塔，立于四角基座上，建造年代不明，可能是明末清初所建。（伊东忠太）

图 376 浙江定海县普陀洛迦山普同塔。大熊博士拍摄。

陕西西安杜陵西侧明秦王墓石兽

汉宣帝的杜陵位于西安府南边。杜陵西侧有明朝秦藩王家族的墓地，即明秦王墓。明秦王墓为方锥形，呈鼎足之形，正面神道左右立有石像，从后往前依次为石马一对、石人二对、石麒麟一对、石狮二对。图 377 展示了石狮和石麒麟。石狮和石麒麟的制作工艺颇为精良。（关野贞）

图 377 陕西西安杜陵西侧明秦王墓石兽。关野贞博士拍摄。

图 378 山东济南城外坟墓。关野贞博士拍摄。

山东济南城外坟墓

　　济南城外的历山脚下散布着很多墓地，都是近年所建。图 378 展示了其中两种。左侧为土冢，后方为圆形，前方稍长，末端立有石碑。右侧为砖砌，安置木棺于地面上，周围用砖包裹。（关野贞）

图 379 陕西三原县梁公墓及石床。关野贞博士拍摄。

图 380 陕西三原县梁公墓神道。关野贞博士拍摄。

陕西三原县梁公墓

　　三原县西北二十里处的平原中，有清朝梁公的墓地。正面神道左右排列石兽、石柱，最后是石牌坊。石牌坊后有土坟，坟前有石碑和石床。石床用来摆放供品，正面略带雕饰。这座墓是保存较为完整的清朝墓。（关野贞）

河南安阳县袁世凯墓

　　袁世凯墓[①]位于彰德城西二十里处。神道前方有座石桥，后面立有面阔五间的牌楼，内有石望柱、石马、石虎、石狮、武将石像、文臣石像各一对，夹道排列，延伸至碑亭处。进入前门，正面立有享殿[②]，享殿前方左右两侧建有东西

---

① 又称袁公林或袁林。——译者注
② 景仁堂。——译者注

图 381 河南安阳县袁世凯墓正面全景。关野贞博士拍摄。

图 382 河南安阳县袁世凯墓石像生及石牌坊。关野贞博士拍摄。

配殿。享殿后方有五供石桌。石桌后方有面阔三间的石门，铁门高耸，其内有坟墓。石门颇有西洋风格，细节处也加入了一些西洋式样，高大的束腰石墙上配有石狮，其上建土坟，种植莎草。袁世凯墓的规模与清朝的皇陵自然不能相比，但其殿门和石像金碧辉煌，颇为壮观。然而，石虎和石狮过于写实，毫无生气。文臣石像和武将石像虽身着最新制服，却流于粗陋，不值一观，暴露了现代艺术的荒芜。图 381 是从神道前方面阔五间的牌楼遥望东面石像生、碑亭、前门、享殿和东配殿的景色。图 382 是从碑亭前方反观石像生和牌楼的景色。图 383 是从碑亭观看前门、享殿、东配殿及坟墓。图 384 展示了坟墓以及坟前带有铁门的面阔三间的石门。（关野贞）

图 383 河南安阳县袁世凯墓侧面全景。关野贞博士拍摄。

图 384 河南安阳县袁世凯坟。原照片由关野贞博士收藏。